Série A, n° 72
N° d'ordre :
87

THÈSES

PRÉSENTÉES

A LA FACULTÉ DES SCIENCES DE PARIS

POUR OBTENIR

LE TITRE DE DOCTEUR DE L'UNIVERSITÉ

PAR

Sophie KRONGOLD

1re THÈSE. — Recherches expérimentales sur les greffes embryonnaires.
2e THÈSE. — Propositions données par la faculté.

Soutenues le 2? Février 1911 devant la Commission d'examen.

JURY :

Président : MM. CAULLERY
Examinateurs { MATRUCHOT.
MICHEL.

LAVAL

L. BARNÉOUD & Cie. IMPRIMEURS

1911

FACULTÉ DES SCIENCES DE L'UNIVERSITÉ DE PARIS

MM.

Doyen.............. P. APPELL, *Profess.* Mécanique analytique et mécan. céleste

Doyen honoraire .... G. DARBOUX, — Géométrie supérieure.

Profess. honoraires.. Ch. WOLF.
J. RIBAN.

Professeurs ....

LIPPMANN .... Physique.
BOUTY............ Physique.
BOUSSINESQ ...... Phys. mathém. et calcul des probabilités.
PICARD .... Analyse supér. et algèbre supérieure
Y. DELAGE .... Zoologie, anatomie, physiologie compar.
G. BONNIER ...... Botanique.
DASTRE .... Physiologie.
KOENIGS.......... Mécanique physique et expérimentale.
VÉLAIN........... Géographie physique.
GOURSAT......... Calcul différentiel et calcul intégral.
HALLER.......... Chimie organique.
JOANNIS.......... Chimie (Enseignement P. C. N.).
JANET........... Physique
WALLERANT ...... Minéralogie.
ANDOYER......... Astronomie.
PAINLEVÉ........ Mécanique rationnelle.
HAUG .... Géologie.
HOUSSAY......... Zoologie.
H. LE CHATELIER. Chimie.
G. BERTRAND..... Chimie biologique.
Mᵐᵉ P. CURIE...... Physique générale.
CAULLERY .... Zoologie (Évolution des êtres organisés)
C. CHABRIE....... Chimie appliquée.
G. URBAIN........ Chimie
Emile BOREL...... Théorie des fonctions.
MARCHIS......... Aviation.
Jean PERRIN...... Chimie physique.
G. PRUVOT....... Zoologie, anatomie, physiol. comparée
MATRUCHOT....... Botanique.
ABRAHAM .... Physique.
CARTAN .... Calcul différentiel et calcul intégral.
Cl. GUICHARD..... Mathématiques générales.
MOLLIARD......... Physiologie végétale.
N.................. Application de l'analyse à la géométrie.
N.................. Histologie.

Professeurs-adjoints.

PUISEUX .... Mécanique et Astronomie.
LEDUC........... Physique.
MICHEL .... Minéralogie.
HEROUARD........ Zoologie.
Léon BERTRAND... Géologie.
Rémy PERRIER..... Zoologie (Enseignement P. C. N.).
COTTON .... Physique.
LESPIEAU .... Chimie.
GENTIL.......... Pétrographie.
SAGNAC.......... Physique (Enseignement P. C. N.).
PEREZ .... Zoologie (Évolution des êtres organisés.

Secrétaire .... D. TOMBECK

A

Monsieur A. BORREL

PROFESSEUR A L'INSTITUT PASTEUR

Hommage de profonde reconnaissance

RECHERCHES EXPÉRIMENTALES
SUR LES GREFFES EMBRYONNAIRES

INTRODUCTION ET HISTORIQUE

La greffe des cellules normales est connue déjà depuis les méthodes d'autoplastie pratiquées par les chirurgiens italiens du xv° siècle. A cette époque, en Sicile, dans la famille Branca, est pratiquée la rhinoplastie par la peau du bras. Cet art passa ensuite en Calabre, où une autre famille du nom de Bojano le pratiqua exclusivement. Mais, vers la fin du xvi° siècle, cette pratique d'autoplastie s'était perdue entièrement et, peu de temps après, fût retrouvée par Gaspard Tagliacozzi, qui la fit revivre avec succès. Plus tard, de nombreux chirurgiens botanistes et zoologistes étudièrent la transplantation des tissus et envisagèrent les trois cas suivants : 1° transplantation en différents points de l'organisme même d'où proviennent les tissus (auto-transplantation); 2° transplantation d'un animal à un autre de la même espèce (homo-transplantation) et enfin, 3° transplantation de tissus d'un animal sur un autre, d'espèce différente (hétéro-transplantation).

Or, dans le règne végétal, ainsi que dans le règne animal, les résultats de la greffe se sont montrés de moins en moins bons, en allant de l'auto-transplantation, vers l'homo-transplantation et l'hétéro-transplantation. D'autre part, la greffe devenait d'autant plus délicate et difficile à réussir, qu'on passait des plantes aux Invertébrés et aux Vertébrés inférieurs et de ceux-ci aux Mammifères et à l'homme.

Les transplantations de fragments de tissus divers sur l'organisme même d'où ils proviennent sont d'une importance pratique très grande pour les chirurgiens, mais les homo-transplantations et hétéro-transplantations le sont plus encore. Ces dernières présentent un intérêt spécial à un double point de vue : thérapeutique (greffes des tissus et des organes) et scientifique (étude biologique des tissus). Aussi, de nombreuses recherches furent poursuivies dans cette voie. D'une façon unanime, on considère la méthode de transplantation comme capable de rendre de grands services, non seulement à la chirurgie et à la médecine, mais aussi et surtout à la biologie générale ; elle permet de jeter une lumière plus vive sur quelques problèmes difficiles.

Malgré les nombreux travaux embryologiques, dit A. Schaper, peu nombreux sont les organes et tissus, dont on connaît l'origine, le mode de croissance, ainsi que leurs variations de développement jusqu'à leur formation complète. La méthode de la transplantation qu'on peut comparer à une culture *in vivo* apprend à connaître, dit le même auteur, *le mode de la prolifération et de l'accroissement* cellulaire d'un organe ou d'un tissu. On peut ainsi suivre la différenciation des cellules, fait d'une importance biologique primordiale.

Par la transplantation des tissus adultes, dit Loeb, on pourra peut-être un jour pénétrer le mécanisme de la cellule néoplasique, la comparer et l'identifier avec les autres cellules somatiques, d'où elle provient. La greffe pouvant constituer pour certains organes une condition pathologique, on pourra ainsi étudier et comprendre peut-être l'origine de certaines néoformations cellulaires.

Dans un travail récent, Schoene démontre, d'une façon très intéressante, que dans les transplantations on a une méthode très précieuse de révéler les affinités existantes entre les individus de la même espèce.

Enfin, les greffes pourront peut-être rendre plus compréhensible le fonctionnement de certains organes, ou groupes cellulaires, dits restants rudimentaires ou enclaves embryonnaires, de même que de ceux dont l'existence même est peu connue et inexpliquée jusqu'à présent (Arturo Carraro).

Greffe des tissus adultes et des tissus embryonnaires. — En 1863 Paul Bert greffa des queues et des pattes de rat sous la peau d'un autre rat et s'est déjà aperçu que, plus l'animal qui reçoit la greffe est jeune, mieux la greffe réussit.

Reverdin (de Genève) en 1869 pratiqua les greffes épidermiques sur les plaies humaines et remarqua que les lambeaux cutanés des vieillards ne se greffaient pas, tandis que ceux des individus jeunes restaient adhérents.

Thiersch ensuite (1886) tire la même conclusion de ses expériences et montre que la transplantation de la peau entre individus non parentés réussit très difficilement.

Hexle (sur les lapins), Winckler (sur des souris de différentes couleurs) et Léo Loeb (sur les cobayes) arrivent à la même conclusion. Le tissu épithélial de la peau du cobaye transplanté sur un animal d'une autre espèce meurt et reste, par contre, longtemps vivant, s'il est greffé d'un cobaye sur un autre cobaye (Loeb). De même, plus récemment, Schœne, sur des souris non apparentées, essaya de transplanter de grands morceaux de peau ; les résultats furent négatifs ; il dit avoir obtenu de meilleurs résultats chez les individus jeunes, provenant d'une même portée.

Ces études, sur le sort des organes et des tissus introduits dans l'organisme, prirent une nouvelle direction, avec l'hypothèse de Cohnheim sur l'étiologie des tumeurs.

La théorie de Cohnheim consiste en ce que, dans certaines régions de l'organisme, quelques cellules embryonnaires restent inutilisées pour la formation du tissu adulte, et les tumeurs, d'après cet auteur, résulteraient justement de la prolifération ultérieure de ces enclaves embryonnaires.

A la suite de cette hypothèse de nombreux expérimentateurs ont eu l'idée d'introduire dans l'organisme des animaux, par l'implantation, ou l'injection, des cellules embryonnaires, pour voir si elles sont capables d'y rester vivantes et proliférer.

En 1873 van Do, Doremal observa la prolifération de la muqueuse labiale, qu'il avait implantée dans la chambre antérieure de l'œil du lapin. Schweninger fit la même expérience en utilisant le tissu épithélial des animaux nouveau-nés et constata la formation de poils. Cette prolifération épithéliale cessa après trois mois et demi.

Cohnheim et Maas introduisirent, dans les veines jugulaires de chiens, de lapins et de coqs, du périoste détaché du tibia ; le périoste ainsi transplanté se vascularisa et se développa en cartilage et en os. Mais plus tard, après cinq semaines, ce périoste se résorba.

Dans toutes ces recherches on utilisait le tissu adulte ou celui du nouveau-né ; ce fut Zahn, en 1877, qui ouvrit une voie nouvelle. Il greffa, sans succès, le cartilage d'un animal *adulte* (lapin, chien) sur un autre animal adulte : sous la peau, dans la chambre antérieure de l'œil, dans le rein, le testicule ou les vaisseaux. Par contre, il eut des résultats positifs, avec du *tissu embryonnaire*, notamment du cartilage fœtal du lapin. Il réduisait, ce cartilage, en bouillie, puis l'injectait dans la jugulaire externe de jeunes lapins. Peu de temps après, l'auteur retrouvait de nombreux nodules cartilagineux, en partie calcifiés. Les expériences de Zahn ont conduit à deux notions nouvelles : *le cartilage adulte se résorbe* s'il est transplanté sur un animal de la même espèce ou d'espèce différente, tandis que *le cartilage embryonnaire s'y conserve et s'y développe*.

Le développement des cellules cartilagineuses a lieu surtout à la périphérie où les vaisseaux sont les plus nombreux, c'est-à-dire là où les conditions de la nutrition se trouvent le mieux réalisées. Zahn n'a pu jamais obtenir de proliférations atypiques : les tissus, une fois implantés, proliféraient, mais cette prolifération cessait après un certain temps (de deux à cinq mois).

Le cartilage se résorba après avoir perdu son caractère embryonnaire, s'étant transformé en tissu adulte et complet.

Plus tard, en 1881, Léopold se proposa de vérifier expérimentalement la théorie de Cohnheim. Il introduisit des tissus fœtaux du lapin dans la cavité abdominale, le tissu cellulaire sous-cutané, la chambre antérieure de l'œil d'un lapin adulte, et essaya de greffer tout d'abord des fragments très petits de tissus, ensuite des embryons entiers.

La plupart de ses expériences porta sur les greffes de tissu cartilagineux. L'auteur constata toujours un encapsulement du tissu greffé, constitué par un réseau de tissu conjonctif ; il répéta ses expériences avec le cartilage d'embryons d'âges différents.

Les résultats qu'il obtint aboutirent à la conclusion suivante : *Plus l'embryon est jeune, plus le succès de la transplantation est assuré.*

Vers la même époque Fischer s'inspira des expériences de Zahn et fit les greffes du cartilage et de l'os dans la crête des coqs et des poules. Les résultats, les plus complets, dans cet ordre d'idées, ont été obtenus par Féré (1895) qui opéra avec des tissus non différenciés. Il greffa des embryons de poulets très jeunes, sous la peau de poules et de coqs. L'auteur constata également que les greffes d'embryons très jeunes donnent lieu au développement de tissus variés ; par contre, quand il opérait avec des embryons plus âgés, il y eut de la résorption.

Féré et Elias pratiquèrent ultérieurement la greffe d'organes déjà différenciés, tels que des yeux de poulet, qu'ils introduisaient sous la peau. Les yeux se résorbaient après quelques semaines, les éléments pigmentés disparaissant les premiers ; les éléments mésodermiques ont proliféré (tissu musculaire, nodules osseux).

Les expériences de Birch-Hirschfeld et Garten donnèrent des résultats comparables. Ils confirmèrent les faits établis par Léopold, Zahn, Prudden, à savoir que les tissus des embryons jeunes se greffent facilement ; par contre, ceux de l'embryon âgé se résorbent.

Birch-Hirschfeld et Garten expérimentèrent sur des poulets et des lapins ; les embryons employés étaient très jeunes. Ils ont choisi le foie comme lieu d'inoculation en raison de sa circulation indépendante et du terrain propice, que cet organe présente au développement des tumeurs. La plus grande tumeur observée fut de la grandeur d'un pois ; elles se résorbèrent toutes après plusieurs mois. Les auteurs concluent à la prolifération non persistante des cellules embryonnaires et à leur résorption complète quoique tardive. Les causes peuvent en être attribuées à ce que la cellule embryonnaire est affaiblie par le transport ou à ce qu'elle perd de son énergie de prolifération au cours de son adaptation à un milieu nouveau, ou encore à ce que l'âge de la cellule embryonnaire implantée est peut-être bien inférieur à celui que peut avoir un germe latent dans l'organisme. Ainsi, d'après ces recherches, la théorie de Conheim n'est pas démontrée, mais pas démentie non plus. Ils y apportent toutefois cette correction, que, pour qu'un germe embryonnaire puisse former une tumeur, il ne lui suffit pas d'être seulement nourri par l'organisme : une énergie interne aboutissant à une prolifération illimitée est indispensable.

Plus tard, ALESSANDRI tenta d'activer la prolifération de la cellule embryonnaire greffée. Il inocula différents tissus embryonnaires réduits en bouillie ou bien isolés, chez des animaux adultes de la même espèce. Comme lieu d'inoculation, ALESSANDRI choisit des organes ou des tissus différents, surtout les mieux vascularisés : les muscles, la rate, la crête et les barbes chez les Gallinacés ; le tissu sous-cutané, le périoste, le foie, les ovaires, les testicules, les mamelles chez les Mammifères (chiens, cobayes et lapins). La greffe ayant pris, l'auteur tenta d'exciter sa prolifération par des moyens divers : stimulations mécaniques, coups répétés, piqûres d'aiguille, injection d'huile d'olive saturée de Scharlach, piqûres avec des aiguilles chauffées. Aucune de ces irritations variées n'accéléra le développement ; au contraire, la résorption fût plus rapide. Les greffes semblaient s'arrêter dans leur croissance et diminuaient ensuite rapidement. L'auteur confirma donc la possibilité d'adhérence des tissus embryonnaires à l'organisme adulte, et constata leur longue persistance ; les greffes d'ALESSANDRI furent enlevées de cinq à douze ou quatorze mois, et même deux ans après leur introduction.

Les résultats de la greffe sont variables, suivant les tissus et les animaux employés. Le cartilage se greffe très facilement, il en est autrement pour les tissus complexes et différenciés.

Vérification expérimentale de la théorie embryonnaire des tumeurs. — Dans les travaux parus depuis 1900, on voit renaître les essais tentés déjà par LÉOPOLD, BIRCH-HIRSCHFELD et GARTEN ALESSANDRI, dans le but de voir, s'il est possible de donner une base expérimentale à la théorie embryonnaire des tumeurs. Les auteurs étudient les rapports circulatoires et nutritifs des greffes avec les tissus de l'hôte ; ils greffent divers tissus complexes, des organes isolés, très différenciés, toujours pour se rendre compte de l'importance que peut avoir une telle ou une telle autre variété de tissu ; ils étudient enfin la prédisposition que certains animaux présentent pour les greffes embryonnaires.

LUBARSCH (1900) confirma, tout d'abord, ce fait que le cartilage embryonnaire se greffe mieux que celui d'un animal adulte. Il constata que les cellules parenchymateuses adultes meurent quand elles sont transplantées. Ainsi, avec les reins, le foie, le placenta, le testicule, la peau, la rate, les glandes mammaires, les glandes sous-maxillaires, il obtint des résultats négatifs ; les expériences de LUBARSCH ont porté de préférence sur le lapin.

TRAINA (1902) chercha surtout à élucider, comment se comportent les fragments de tissu embryonnaire, transplantés dans l'ovaire. Cet organe, par sa riche vascularisation et sa grande faculté de prolifération, lui sembla être un terrain propice pour les transplantations. A noter que les greffes que cet auteur pratiqua dans le testicule, le péritoine, sous la peau, dans la glande thyroïde, ne donnèrent aucun résultat. L'animal d'expérience fut le cobaye. TRAINA transplanta des fragments de mâchoires supérieure et inférieure, des orteils, des lambeaux de peau, et il constata que, un mois après l'opération, ces fragments embryonnaires donnent lieu, d'une façon constante, à des kystes dans l'ovaire ; à l'intérieur de ces kystes se développent des organes d'aspect normal, avec lenteur toutefois. L'auteur croit avoir démontré par des expériences témoins (blessure des ovaires, introduction dans l'ovaire d'un corps étranger : fragments de verre, de liège, etc.), que cette formation kystique est due exclusivement au métabolisme cellulaire des fragments vivants transplantés. Dans ses conclusions, il rapproche des résultats obtenus certaines formations tératologiques, les dermoïdes et tératomes, qu'on trouvent fréquemment dans l'ovaire et dont l'origine est encore si discutée.

WILMS, en 1904, greffa des embryons de poulets, âgés de six à sept jours, dans le péritoine de poules jeunes. L'auteur obtint des néoformations composées de plusieurs tissus différents. Dans un des cas, où la greffe était âgée de sept semaines, il trouva dans le péritoine, de la peau développée avec des plumes, du cartilage, de l'os, avec les formations épiphysaires, du tissu épithélial muqueux, de l'épithélium pavimenteux et de la rétine. D'après l'auteur, ces formations tératoïdes plus ou moins complexes, croissent activement pendant sept semaines environ ; après sept mois survient un stade de repos à la suite duquel se produit la régression de la greffe. Au cours de ses expériences, WILMS constata que parmi divers individus de la même espèce, certains offrent une prédisposition particulière pour les implantations, mais il ajoute ne pas pouvoir répondre à la question de savoir quelles sont les conditions qui favorisent le succès de la greffe, chez un animal plutôt que chez un autre de la même espèce.

VON HANSEMANN et VON HIPPEL (1907) greffèrent des fragments d'embryon de lapin dans l'œil du lapin adulte et ils reconnurent la formation de masses composées de tissus divers. Le volume de ces masses était quelquefois notable.

PETROW, en 1908, entreprit des recherches sur une échelle plus vaste. Cet auteur se sert d'embryons de cobayes, de sou-

— 9 —

ris et de lapins, qu'il transplante sur des animaux de la
même espèce. Le lieu d'inoculation était : le testicule, le
rein, la rate ou l'ovaire. Les transplantations dans l'ovaire,
de même que celles faites sur des animaux d'espèce différente, restaient sans aucun résultat positif. Les masses enlevées montrent des tissus variés. L'auteur conclut, avec
certitude, que le tissu embryonnaire implanté arrive à se
différencier chez l'animal adulte. De plus, ayant suivi pendant 10 à 13 1/2 mois certaines greffes il dit ne pas pouvoir
limiter le temps de la prolifération pour les tissus greffés.
Parmi les tissus déjà morts ou hautement différenciés, il
peut rester des cellules de tissus indifférenciés et atypiques,
parfaitement vivantes. L'expérimentateur cite enfin un fait
intéressant : la réimplantation positive des néoformations
obtenues.

Plus tard, en 1909, DEL CONTE a transplanté divers tissus
d'embryons du chien dans le cerveau de chiens adultes. La
greffe du rein, de l'œsophage, du foie, du cuir chevelu a
donné des résultats négatifs ; par contre, celle du cartilage
a été positive.

Vers la même époque, les expériences d'ASKANAZY, éta-
blissent d'une façon certaine, que parmi les animaux, il en
est qui présentent un terrain particulièrement favorable au
développement du tissu greffé. Il constate l'aptitude spéciale
du rat blanc pour les greffes embryonnaires et la formation
de tératoïdes expérimentaux. L'auteur injecte de la bouillie
d'embryon de rat dans la cavité péritonéale du rat adulte.
L'étude histologique des tumeurs enlevées montre la présence de tissus variés et de diverses origines : ectodermique,
endodermique ou mésodermique. Les greffes obtenues pro-
gressent encore après sept et même huit mois.

Les expériences d'ASKANAZY aboutissent aux conclusions
suivantes : dans les greffes le résultat positif, surtout pour
l'inoculation intra-péritonéale, semble dépendre exclusivement de l'emploi d'embryons d'une certaine longueur, de
l'époque de la gravidité et de celle de la lactation.

Dans une partie de ses expériences, l'auteur, comme Alessandri en 1895, tâche d'augmenter l'énergie de la prolifération des tissus greffés. Il excite les greffes par l'injection de substances diverses, telles que l'éther, l'alcool éthylique à 8 o/o, le xylol, le benzol, l'acétone, l'hydrate de chloral. L'auteur dit obtenir les résultats particulièrement intéressants avec l'éther et l'hydrate de chloral.

Ensuite Fischera fit des recherches sur les rats blancs. Il injecte de la bouillie embryonnaire dans le tissu sous-cutané abdominal et constate que les greffes qui s'attachent sur les rats persistent même très longtemps. Une involution, quoique tardive, arrête toujours leur progressivité. Les recherches de l'auteur portent également sur un autre problème : l'immunisation résultant des dites greffes. Nous en parlerons ultérieurement à propos de l'immunisation à l'aide du tissu embryonnaire.

Plus tard, les expériences d'Askanazy furent reprises par Friedemann, Zimmermann, Schwalbe (1910) et Freund (1911). Ce dernier auteur se propose surtout de vérifier les expériences d'Askanazy. Il opère également avec de la bouillie d'embryon et confirme la prédisposition des rats blancs pour les greffes. Les conclusions de ces travaux sont les suivantes : les greffes se développent mieux, lorsque l'animal porte-greffe est femelle et non mâle. L'état de gravidité semble accélérer la fixation et le développement des greffes. L'âge des animaux inoculés semble ne jouer aucun rôle dans le développement des greffes. L'auteur s'occupe également du problème de l'immunité résultant des greffes.

Nous reviendrons plus tard sur ce dernier point.

Cherchant à vérifier les expériences d'Askanazy, l'auteur dit ne pas pouvoir augmenter l'énergie de la prolifération des greffes par les injections d'éther et d'indol.

Les travaux récents de Kelling (1913) sont dans le même ordre d'idée. L'auteur se propose de provoquer la croissance, d'un groupe cellulaire embryonnaire, transplanté sur un animal d'espèce différente. Sa méthode présente ceci de particulier qu'elle permet d'habituer progressivement la cellule embryonnaire à son futur milieu, alors qu'elle pousse encore sur l'animal de la même espèce.

Il a expérimenté sur des poules et des pigeons. Il a injecté aux poules de la bouillie d'embryon de poulet. Les greffes qui en résulteront étant destinées à être transportées sur le pigeon, l'auteur fait dès à présent l'éducation de la cellule à son milieu futur : les poules porteuses de ces greffes reçoivent en injections répétées, intra-musculaires ou sous-cutanées, du sérum de pigeon. Pour que le résultat soit meilleur, les pigeons peuvent également être préparés par le sérum de poulet. Dans un cas, l'auteur dit avoir pu ainsi transporter une masse constituée de cartilage sur quatre générations de pigeons. Cette greffe a vécu 113 jours. Dans un autre cas, en outre du cartilage, la masse enlevée était composée aussi d'un tissu glandulaire.

L'auteur conclut qu'une cellule embryonnaire étrangère par son origine à l'organisme où elle se trouve implantée, peut, aux dépens de facteurs spéciaux, s'y adapter, vivre et proliférer. Il modifie, à son tour, la théorie embryonnaire de Cohnheim et ne l'accepte qu'en partie. Pour lui, la genèse de certaines tumeurs est due à des cellules embryonnaires hétérogènes.

En ce qui concerne les greffes sur des animaux d'espèce différente, hétéro-transplantations, nous citerons encore les expériences de REVERDIN, ENDERLEN, ZAHN, MARCHAND, SALTYKOW, LOEB et SCHŒNE, dont les résultats furent pour la plupart négatifs : ces greffes se résorbent toujours très vite.

En résumé, de toutes ces recherches mentionnées, il résulte que :

1° Le tissu embryonnaire prend mieux que le tissu adulte.

2° De tous les tissus, l'os et surtout le cartilage donnent les meilleurs résultats.

3° Les greffes d'organes différenciés réussissent rarement.

4° L'âge de l'embryon utilisé et le lieu d'inoculation semblent avoir une certaine influence sur le résultat des greffes.

5° Les greffes de tissu embryonnaire peuvent persister long-temps, mais dans la plupart des cas elles finissent par se résorber.

6° D'une façon générale, les transplantations sont possibles presque exclusivement sur des animaux de la même espèce.

7° Tous les animaux ne se prêtent pas également bien au développement du tissu greffé, certains offrent une prédisposition spéciale, tels les rats blancs.

Nous remarquons que, dans tous les travaux cités jusqu'ici, l'idée directrice est de chercher le rôle des cellules embryonnaires dans *la genèse des tumeurs*. Par des moyens physiques, chimiques ou mécaniques, on tâche d'activer la force de prolifération de la cellule embryonnaire, afin de faire disparaître le caractère distinctif de son accroissement limité et d'établir ainsi un parallèle biologique entre la cellule embryonnaire et la cellule cancéreuse. Par la greffe de tissus variés, on réalise les productions tératoïdes, pour étudier leur analogie avec certaines tumeurs du type embryonnaire. Ainsi, tous ces efforts suivent de près ou de loin la théorie d'un germe perdu sous sa forme soit originelle (conception de Cohnheim), soit modifiée par Fischel, Ribbert, etc. Peu nombreux sont les auteurs qui ont étudié le processus de la résorption des organes et tissus greffés, les métamorphoses régressives que ces fragments subissent avant leur résorption.

Études sur le mécanisme, l'évolution et la résorption des tissus transplantés. — RIBBERT en 1897 a fait de nombreuses recherches pour étudier les altérations que subissent les tissus adultes au cours de la transplantation. Les animaux d'expérience sont le lapin et le cobaye ; le lieu d'inoculation : le ganglion lymphatique, rarement la peau, le péritoine et quelquefois la chambre antérieure de l'œil. Les organes greffés sont de nature épithéliale : glandes sébacées, glandes salivaires, foie, rein, testicule, ovaire. RIBBERT a étudié également les métamorphoses que subissent l'épiderme, le tissu conjonctif, l'os et le tissu musculaire, transplantés simultanément avec les organes épithéliaux.

Les expériences de Ribbert l'ont conduit aux conclusions suivantes : de petits fragments de divers tissus pris sur des animaux adultes, transplantés dans les glandes lymphatiques des mêmes individus, prolifèrent facilement. Certains tissus, tels que le foie et le rein ne donnent aucun résultat positif. Ces greffes se maintiennent vivantes, n'augmentent pas seulement de volume, mais leurs conditions d'existence étant anormales, elles subissent des modifications qu'il faut envisager comme une métamorphose régressive (Rückbildung des auteurs allemands) correspondant à un stade antérieur du développement des tissus en question. Les mêmes transformations observées au cours de l'évolution de ces greffes se retrouvent dans certaines conditions pathologiques. Il est de toute importance de pouvoir alors distinguer les phénomènes de la métamorphose de ceux de la résorption. En pathologie, la transformation, que peuvent subir certains organes et tissus, doit souvent entraîner des altérations graves dans les fonctions des dits organes ou tissus.

Vers la même époque (en 1897), Cristiani et Ferrari greffent chez le rat le corps thyroïde adulte et embryonnaire, les glandules thyroïdiennes adultes et embryonnaires pour étudier leurs stades évolutifs. Ils arrivent aux résultats suivants : le corps thyroïde adulte greffé se développe et fonctionne normalement ; s'il provient d'un embryon ou d'un animal nouveau-né, il se développe et prend finalement le caractère de tissu thyroïdien adulte. Par contre, les parathyroïdes greffées, adultes ou embryonnaires, ne reviennent jamais vers le tissu thyroïdien normal, mais gardent leur caractère primitif, — fait qui démontre leur constitution individuelle.

Plus tard, en 1899, Lubarsch reprend sur le lapin les expériences de Ribbert. Parmi les autres organes adultes greffés, comme le rein, le foie, le testicule, il pratique la greffe des glandes salivaires, notamment de la glande sous-maxillaire, que l'auteur inocule dans le rein ou le foie du lapin. Il poursuit dans ses transplantations le processus d'évolution de ces glandes et dit ainsi avoir observé au début la mort de la plus grande partie de la greffe. Par contre, les cellules restées vivantes ont montré une active néoformation atypique, qui a abouti à la formation de véritables bourgeons épithéliaux. Par la suite ces derniers se ramifient et se creusent d'une lumière, se transformant ainsi en des canaux nouveaux revêtus de cellules très aplaties, disposées en une couche unique.

OTTOLENGHI, en 1903, a fait des expériences analogues sur des lapins. Il a étudié les modifications, que présentent le pancréas et la glande sous-maxillaire d'un lapin adulte transplanté à un autre lapin adulte. Les inoculations étaient faites dans le rein et dans la rate. Les résultats qu'il a obtenus avec la glande salivaire diffèrent de ceux obtenus par Lubarsch. L'auteur dit avoir constaté la mort rapide d'une grande partie de la greffe. seule la partie périphérique restait vivante, mais il n'a pas pu voir la néoformation des canaux secondaires, ni les bourgeons épithéliaux, décrits par Lubarsch.

Mlle JOFFÉ étudie dans sa thèse le mécanisme, suivant lequel se résorbent les organes embryonnaires déjà différenciés et les organes adultes, dans le but de voir si l'intervention leucocytaire est la même dans les deux cas. Ses recherches portent sur la résorption du rein embryonnaire et du rein adulte greffés sous la peau et dans le péritoine de cobayes. La durée de ses expériences varie entre 35 et 41 jours. Mlle Joffé aboutit à la conclusion que le rein adulte se résorbe plus facilement que le rein embryonnaire et que le processus de la résorption est plus facile à mettre en évidence pour le rein adulte que pour le rein embryonnaire.

L'étude de la greffe des tissus embryonnaires permet d'approfondir nos connaissances sur la biologie des tissus et peut en même temps projeter une lumière plus pénétrante sur l'étiologie des tumeurs. En pratiquant les greffes de tissus embryonnaires, nous réalisons des conditions pathologiques favorables au développement de certains tissus. Il était intéressant de partir de tissus embryonnaires non différenciés et de voir comment et sous quel aspect ceux-ci se différencieront. Les proliférations cellulaires seront-elles typiques ou atypiques? Perfectionnant, de plus en plus, la technique de la greffe, on peut arriver à prolonger ces cultures *in vivo* des organes ou tissus dont on désire étudier le mécanisme d'évolution et suivre ainsi son processus de développement à travers tous les stades. L'énergie de la prolifération d'un groupe cellulaire étant connue, il était important de pouvoir altérer plus encore son développement, et ceci par un irritant de nature pathologique très spéciale, tel qu'un virus.

C'est là dans ses traits très généraux l'étude qui nous a été proposée par M. Borrel. Ce travail, basé à la fois sur la biologie et la pathologie, aurait exigé un grand nombre d'expériences d'une durée prolongée. Malheureusement limitée par le temps, nous n'avons pas pu donner à certains chapitres l'étendue désirable.

Plan du travail. — Notre travail comprendra quatre parties :

Dans la *première*, nous nous occuperons exclusivement de la *greffe des tissus embryonnaires*. Nous avons repris l'étude de la transplantation depuis la greffe de tissus complexes jusqu'à celle des organes les plus différenciés, transplantés isolément. L'étude de la greffe constitue la partie la plus étendue de notre travail. Après avoir décrit la technique que nous avons suivie pour l'introduction *sous la peau* des fragments embryonnaires de tissus et d'organes, nous donnerons les résultats pour chaque groupe de greffes que nous avons pratiquées. Nous établirons les conditions générales de la greffe ainsi que celles spéciales à chaque groupe. Nos expériences qui ont porté sur un grand nombre de rats, nous conduisent par leurs résultats à modifier sensiblement les idées reçues sur la transplantation.

La *deuxième* partie est consacrée à des essais pour réaliser les *passages en séries* des greffes embryonnaires obtenues et nous passerons dans la *troisième* partie à *l'immunisation* contre les greffes des tissus embryonnaires par la méthode de vaccination à l'aide de ces mêmes tissus.

Enfin, dans la *quatrième* partie, nous étudierons les *greffes mixtes* formées du mélange de cellules embryonnaires et néoplasiques. Ces expériences se poursuivant encore à ce moment, nous ne ferons qu'exposer les résultats constatés jusqu'à ce jour.

Je suis heureuse de remercier ici mon Maître, M. le professeur Borrel, qui a suivi pas à pas les progrès de mon travail et qui m'a prodigué, pendant les deux années que j'ai passées dans son laboratoire, ses précieux conseils et ses encouragements bienveillants.

Je le prie d'agréer la dédicace de cette thèse comme un faible hommage de ma reconnaissance.

Je prie M. le professeur Caullery d'agréer l'expression de ma gratitude respectueuse pour l'intérêt qu'il a bien voulu porter à ce travail et pour les avis si autorisés qu'il ne m'a point ménagés au cours de ces recherches. En acceptant la présidence de cette thèse, M. Caullery m'a fait un honneur dont je sens tout le prix.

Je remercie M. P. Masson qui, avec une extrême complaisance, a bien voulu me faire profiter de sa compétence toute particulière dans les questions de technique microscopique.

M. Auguste Pettit, chef de laboratoire à l'Institut Pasteur, a droit à toute ma reconnaissance, pour l'intérêt et la bienveillance qu'il m'a toujours témoignés.

Je tiens, enfin, à remercier tout spécialement, M. Phillipson, et M. et Mme Bachrach, de Bruxelles, dont le précieux concours m'a permis de mener à bien ce travail.

CHAPITRE PREMIER

TRANSPLANTATION DES TISSUS EMBRYONNAIRES

Technique

1° MANUEL OPÉRATOIRE

Nous avons choisi pour nos expériences sur la transplantation des tissus embryonnaires le rat blanc, animal de choix
pour ces opérations. Les rats destinés à porter la greffe étaient
mâles ou femelles d'âge varié. L'âge a été établi d'après leur
taille :

Taille grande correspondant à un poids de 174 grammes, caracté-
ristique d'un rat vieux.
Taille moyenne : poids 93 grammes; rat adulte jeune.
Taille petite : 45 grammes ; rat très jeune.

Les embryons de rats dont nous nous sommes servis pour
les greffes, étaient également de différents âges. Ici encore
nous avons évalué l'âge d'après poids, car on peut approxima-
tivement suivre le début de la gravidité chez la femelle du
rat. Les plus jeunes de nos embryons correspondaient à un
poids de 1 à 2 grammes, les plus âgés à un poids de 4 à
5 grammes. Les embryons devant servir à la greffe étaient pris
sur des femelles blanches fécondées par un rat blanc.

Dès qu'on avait tué celles-ci on en extirpait les utérus avec
les embryons pour les placer dans un récipient stérilisé. On

enlevait ensuite les membranes fœtales et l'embryon était ou bien greffé en entier ou bien réduit en bouillie. Pour faire la greffe des organes, nous avons *isolé*, dans le péritoine de l'embryon, l'intestin, l'estomac, le rein, le foie, ou *incisé* sur l'embryon, la tête avec le cou, les yeux, la langue, les maxillaires, le fémur. Les organes enlevés étaient inclus entiers ou découpés en deux ou trois fragments. Ils étaient ou isolés d'une façon absolue (c'était le cas, par exemple pour les glandes salivaires, l'intestin, l'estomac, le rein) ou bien avec la peau, tels les maxillaires, le fémur. Le fragment embryonnaire préparé était introduit à l'aide d'un trocart (une petite cuiller) sous la peau de la face ventrale du rat adulte. Nous prenions toujours le soin de placer le fragment le plus haut possible, généralement sous l'aisselle. Il importe d'opérer très vite pour que les tissus embryonnaires destinés à la greffe n'aient pas le temps de se dessécher. D'autre part, pour certains organes, tels que les glandes salivaires, nous nous sommes servis d'une pipette effilée en verre, au lieu du trocart usuel. Les dimensions de ce dernier sont trop grandes pour ces organes qui à l'état embryonnaire sont d'un volume infime. Toutes ces opérations doivent être pratiquées aseptiquement : les récipients étaient stérilisés, les instruments bouillis; le trocart, préalablement bouilli, était flambé à chaque nouvelle inoculation. Ces soins d'asepsie nous ont permis d'éviter l'infection de nos animaux d'expérience. La greffe ayant été faite, nous sacrifiâmes ensuite nos animaux à des intervalles variés : trois, quatre, six semaines, deux, quatre, cinq et même dix mois. A l'autopsie, les pièces se montrant toujours encapsulées et attachées intimement à la peau, nous coupions les adhérences, détachant ainsi la greffe toute entière dans sa capsule.

2° TECHNIQUE HISTOLOGIQUE

Les pièces étaient portées de suite dans le liquide fixateur : picro-formol de Bouin, où elles séjournaient pendant trois jours. Après la déshydratation dans les alcools et l'imprégnation par le toluène, elles étaient incluses dans la paraffine.

Les coupes étaient pratiquées au microtome, parallèlement au grand axe de la pièce, et colorées par diverses méthodes.

1° Méthode à l'hématéine-éosine;

2° Méthode au safran de Pierre MASSON.

Voici d'après l'auteur la technique de cette coloration :

1° Colorer à l'hémalun de Mayer (Hématéine de Geigy).

2° Différencier dans l'alcool chlorhydrique (V gouttes p. 100).

3° Bleuir dans le carbonate de lithium à 1 p. 100.

4° Bien laver à l'eau ordinaire.

5° Colorer 10 minutes dans l'éosine w. g. de Grübler à 5 p. 100 ou une heure dans la solution à 1 p. 100.

6° Laver.

7° Colorer 10 minutes dans la solution de safran préparée comme il suit :

Faire bouillir 1 gramme de safran du Gâtinais de l'année dans 100 centimètres cubes d'eau de source, pendant une heure. Filtrer. Ajouter 1 centimètre cube de tannin à 5 p. 100 et 1 centimètre cube de formol du commerce.

8° Laver, déshydrater, monter.

Après cette coloration les noyaux viennent en bleu, le protoplasma en rose, en rouge saumon ou en orangé, suivant les cas, avec différenciations très fines, les fibres nerveuses, élastiques et musculaires en rose franc très vif, granulations éosinophiles intensément colorées, les fibres conjonctives, l'osséine et la chondrine, en jaune d'or brillant.

3° Méthode de MALLORY, modifiée par Pierre MASSON :

1° Colorer à l'hématoxyline ferrique de Heidenhain. Différencier dans l'alun de fer jusqu'à décoloration complète du tissu conjonctif, et, autant que possible, du cytoplasme.

2° Laver à l'eau.

3° Colorer 5 à 10 minutes dans une solution aqueuse de rubine acide (Saurefuchsin Grübler) à 1 p. 1.000, jusqu'à coloration rose des cytoplasmes.

4° Différencier 5 minutes dans l'acide phosphomolybdique à
1 p. 100.

5° Colorer 20 minutes au moins (une heure au plus) dans le mélange
suivant :

Bleu d'aniline à l'eau de Poirrier à 1 p. 100 . . . . 1 partie
Solution aqueuse d'acide phosphomolybdique à 1 p. 100.   1 partie

6° Rincer à l'eau distillée additionnée de V gouttes p. 100 d'acide
acétique, et puis à l'alcool à 90°, pour extraire tout le bleu qui imbibe
le protoplasme sans y être fixé.

7° Alcool absolu, xylol, xylol acétique (II gouttes p. 100), baume.

Après l'hématoxyline, il est préférable de décolorer à la
teinture d'iode :

1° Préparer une solution saturée d'iode dans l'alcool absolu.

2° Au sortir de l'hématoxyline, laver les coupes à l'alcool absolu,
puis les plonger dans la solution iodée de 30 secondes à 1 minute, suivant la durée de la coloration.

3° Rincer à l'alcool puis à l'eau, puis dans une solution saturée de
carbonate de lithine dans l'eau.

4° Les coupes ainsi dépouillées d'iode sont lavées à l'eau ordinaire,
puis à l'eau acétifiée (V gouttes p. 100).

5° Ensuite on passe à la Sœurefuchsin, comme ci-dessus.

Ce dernier procédé donne une coloration nucléaire et cen-
trosomique absolument pure, et blanchit complètement le
tissu collagène.

Résultats : chromatine et centrosomes noirs, cytoplasmes,
fibres musculaires nerveuses et élastiques, rouges. Fibres
collagènes, substance intermédiaire du cartilage et de l'os,
bleues.

I. — Greffe d'embryons entiers

Suivant la technique décrite précédemment, nous avons
essayé d'introduire sous la peau du rat adulte des embryons
entiers, retirés de leurs enveloppes. Les embryons dont nous
nous sommes servis, étaient âgés de deux à six-sept jours, donc
à des stades différents de leur développement.

Dans un cas, où l'embryon avait été greffé à l'âge de deux à trois jours, la greffe persistait encore après 95 jours, quand on a pratiqué l'autopsie. Ce cas était intéressant en ce qu'un rapport particulier s'était établi entre la greffe et la femelle porte-greffe. L'utérus de la femelle envoyait, à travers le tablier péritonéal, une riche vascularisation, qui s'appliquait contre l'embryon greffé, celui-ci s'est présenté sous la forme d'un tout petit fragment accolé ainsi à la surface du péritoine. A l'examen microscopique ce nodule montrait du cartilage bien différencié, vivant et en voie de prolifération.

Les autres autopsies pratiquées, les unes après 30 jours, les autres après 42 jours, ont montré une différenciation marquée de plusieurs tissus. L'embryon se transforme partout en un amas constitué par : du cartilage (lequel s'ossifie par place), des kystes revêtus de tissu épithélial stratifié pavimenteux avec des poils ; dans un cas du tissu nerveux (Pl. IV ; fig. 1) était différencié. Or, l'embryon frère de ceux inoculés dont on a pratiqué des coupes en séries, à titre de témoin, montre que les tissus au moment de la greffe, étaient à peine différenciés. On y devine difficilement le futur cartilage, et l'ectoderme est sans glandes, ni poils.

Parmi les embryons entiers, que nous avons greffés les meilleurs résultats nous ont été donnés par ceux qui étaient âgés de six à sept jours, les embryons plus jeunes se sont résorbés presque toujours. Il en a été, au reste, de même pour la plupart des embryons âgés ; les cas positifs sont en somme exceptionnels : sur 35 greffes d'embryons entiers, nous n'avons obtenu que cinq résultats positifs.

II. — Greffe de bouillie embryonnaire

Réduisant aseptiquement les embryons en une bouillie grossière, les découpant en petits fragments nous avons pû arriver à des résultats plus satisfaisants. Sur vingt greffes pratiquées, 12 ont donné des résultats positifs. Ainsi, par exemple, les embryons âgés de six à sept jours découpés en quelques fragments et inoculés ensuite à 5 rats jeunes nous ont donné cinq greffes positives, tandis que les mêmes embryons, greffés entiers n'ont donné qu'une greffe sur les quatre rats inoculés. Les animaux porte-greffe étaient sacrifiés à des intervalles variant de 19 jours à 97 jours. Les masses enlevées atteignaient parfois une longueur de 2 à 5 centimètres et laissaient reconnaître, macroscopiquement, des îlots cartilagineux, osseux, parfois des dents complètement développées. Leur étude histologique montre une grande variété de tissus des trois feuillets blastodermiques. On voit ainsi, l'épiderme avec des poils et des glandes sébacées, la rétine, du cartilage, de l'os, des follicules lymphoïdes, des muscles lisses et même des glandes intestinales en pleine activité sécrétant du mucus et enfin des canaux glandulaires. La coupe montre presque toujours une série de kystes revêtus d'un tissu épithélial cilié ou pavimenteux.

Ces formations de nature complexe nous ont conduit à faire des greffes d'organes isolés, où l'on peut plus aisément suivre l'évolution de chaque tissu. Nous avons voulu, par ce procédé, connaître les tissus susceptibles de transplantation.

Nous exposerons les résultats de nos greffes d'organes en les classant dans l'ordre suivant : maxillaires supérieur et inférieur, langue, fémur, yeux, intestin et estomac, glandes salivaires, rein.

III. — Greffe des organes embryonnaires

1° *Maxillaires supérieur et inférieur.* — Pour pratiquer la greffe des maxillaires, nous avons enlevé ces organes chez l'embryon de la façon suivante : une incision a été faite des deux côtés de la cavité buccale de l'embryon, là où le maxillaire supérieur rejoint le maxillaire inférieur. Les deux moitiés du museau ainsi libérées, nous avons détaché la langue et découpé ensuite les maxillaires. Ils se trouvaient ainsi enlevés avec la muqueuse buccale et la peau recouvrant la face antérieure des lèvres. Les maxillaires étaient fragmentés, le morceau inclus variait entre un demi-millimètre et un millimètre et la dimension d'une moitié d'un maxillaire entier enlevé pouvait être d'un millimètre et demi à deux millimètres chez un embryon âgé. Nous nous sommes servis d'embryons de différents âges. Les rats destinés à porter la greffe étaient ou des mâles ou des femelles plus ou moins âgés. L'inoculation était toujours pratiquée sous la peau ; deux à trois fragments d'un maxillaire étaient introduits à la fois. Le même rat était souvent porteur de deux greffes, l'une à l'aisselle droite, l'autre à l'aisselle gauche. Dès le huitième jour on note une augmentation de la greffe, qui atteint alors parfois une longueur de 2 à 5 centimètres sur 1 centimètre de largeur. Puis, à un certain moment, l'accroissement semble s'arrêter et le volume reste alors invariable, pendant des mois. Actuellement nous possédons une greffe de maxillaires datant du 5 novembre 1912, âgée par conséquent de douze mois. Cette greffe ayant atteint la longueur d'un centimètre et demi avait gardée celle-ci invariablement pendant huit à neuf mois; depuis elle semble reprendre son accroissement, son volume augmentant d'une façon appréciable.

Nous avons fait 68 greffes de maxillaires, dont 45 avec un résultat positif et 23 avec un résultat négatif. Nous tenons à remarquer que, de ces 23 rats, qui se sont montrés réfractaires à la greffe, 12 étaient galeux, les résultats négatifs des autres ne peuvent guère être attribués qu'à la réceptivité individuelle variable pour chaque animal.

Le plus grand nombre de ces greffes devait nous servir à des expériences ultérieures, expériences que nous décrirons dans le dernier chapitre de notre thèse.

Pour nos recherches microscopiques nous avons sacrifié les animaux suivants, à des intervalles variant entre vingt jours à cinq mois.

Les coupes ont été pratiquées parallèlement au grand axe de la pièce et colorées à l'hématéine éosine, suivie ou non de safran.

N° 1. — Un rat blanc mâle, de grande taille. L'embryon dont les maxillaires ont servi à la greffe pesait 2 gr. 5. L'animal est mort spontanément le vingtième jour après l'inoculation. A l'autopsie, on détache, de la peau de l'aisselle droite, deux nodules d'une longueur de 1 centimètre et demi chaque.

Microscopiquement, ces nodules sont composés d'une série de kystes, dont la paroi, assez épaisse, est formée par un tissu épithélial stratifié du type pavimenteux ou par un tissu épithélial cilié. La peau est complètement développée, avec les poils et glandes sébacées qui y sont annexés. Le cartilage s'ossifie très régulièrement.

Parmi ces tissus variés, disposés irrégulièrement, sont disséminées les dents complètement développées. La coupe passant parallèlement à l'axe longitudinal du maxillaire montre : à la surface de la pulpe, perpendiculairement à cette dernière, une couche de cellules hautes, piriformes, disposées sur un seul rang à la façon d'un épithélium ; ce sont les odontoblastes qui ont sécrété une couche d'ivoire, il en émane de courts prolongements lesquels s'engagent dans l'ivoire (fibre de Tomes) Cette couche d'ivoire est en contact avec l'émail. Les adamantoblastes sont disposés sur un seul rang, sous la forme de hautes cellules. Ces cellules hautes se décollent de l'émail sécrété.

N° 2. — Un rat blanc mâle, de grande taille. L'embryon pèse 2 gr. 5. A l'autopsie, après 30 jours, on enlève trois nodules bien développés. L'examen microscopique montre les mêmes tissus que dans le cas précédent, sauf les dents.

N° 3. — Un rat blanc mâle, de grande taille Poids de l'embryon : 2 gr. 5. L'animal est sacrifié après 44 jours. On enlève à l'autopsie un morceau d'un centimètre et demi à deux centimètres, entouré d'une capsule de tissu conjonctif. Des tissus variés sont bien représentés : le cartilage, l'os, le tissu épithélial pavimenteux, les poils avec les glandes sébacées. L'aspect est normal. Pas de dents.

N° 4. — Un rat blanc femelle, de grande taille. L'embryon pèse 4 grammes. On greffe un de ses maxillaires et, sur des coupes en séries, on fait l'étude histologique de l'autre. Les dents sont encore pédiculisées ; les odontoblastes ont formé déjà un petit liseré d'ivoire ; l'émail est différencié en deux couches de cellules : une superficielle, l'autre profonde formée de cellules hautes : adamantoblastes. La peau présente des ébauches de poils ; le cartilage est embryonnaire. Quant à la greffe, enlevée après 40 jours, elle montre tous ces tissus bien

— 25 —

vivants et complètement évolués, ainsi l'épiderme présente des poils complètement formés avec les glandes sébacées annexes. Les cellules du cartilage entourées d'une capsule sont globuleuses. La substance fondamentale est très abondante. Ailleurs le cartilage adulte est déjà ossifié. Le tissu épithélial de simple est devenu stratifié. Les dents manquent dans les fragments greffés (Pl. I fig. 1 et 2 témoin).

N° 5. — Un rat blanc, mâle, de taille moyenne. L'embryon, dont les maxillaires devaient servir à la greffe pesait 4 grammes. On sacrifie l'animal porteur de la greffe au bout de 30 jours. L'étude histologique montre qu'on a implanté les maxillaires avec une partie du palais ; l'épithélium à cils vibratils, et la trachée est bien développée. Le cartilage est presque complètement ossifié. La peau et les poils persistent vivants. Le développement des dents est identique à celui décrit dans le cas du rat n° 1.

N° 6. — Un rat blanc, mâle, de taille moyenne. Poids de l'embryon : 4 grammes. Le rat a été trouvé mort 37 jours après l'inoculation. Macroscopiquement, on reconnaît les maxillaires avec les dents implantées. On procède à la décalcification de la pièce, la laissant après la fixation 2 à 3 jours dans l'acide chlorhydrique à 4 p. 100. L'examen microscopique montre l'ossification complète du cartilage, dont les cellules se multiplient et grossissent. Les dents nombreuses, dans la coupe, présentent des couches d'ivoire et d'émail très épaisses ; le volume de la pulpe est fort diminué. Les odontoblastes sont atrophiés en partie, les adamantoblastes ont disparu, ce qui arrive normalement lorsque la dent est au terme de son développement.

N° 7. — Un rat blanc, mâle, de taille moyenne. L'embryon, dont les maxillaires servent à la greffe pèse 2 grammes. Au moment de la greffe, des coupes en série pratiquées sur un témoin montrent que le développement des tissus est très peu avancé. Les dents sont représentées par des bourgeons épithéliaux pédiculisés ; le futur émail est formé de deux couches de cellules épithéliales : l'externe est constituée de cellules basses, l'interne est déjà formée de cellules hautes. Le bourgeon enveloppe la papille dermique (Pl. II. fig. 1). Les tissus environnants ne sont pas différenciés ; l'ectoderme présente des ébauches de poils sous la forme d'amas de cellules épithéliales. Au bout de 27 jours, la greffe montre une différenciation appréciable des tissus. Les dents se sont développées normalement, une couche épaisse d'émail et d'ivoire entourent la pulpe dentaire. Les odontoblastes envoient de courts prolongements dans l'ivoire, ces cellules sont rangées sur un plan donnant l'aspect d'un épithélium. Il en est de même pour les adamantoblastes. Entre ces derniers et la couche d'émail existe une cavité, probablement artifice de préparation (Pl. II. fig. 2).

La peau s'est différenciée normalement, donnant des poils et les glandes sébacées.

N° 8. — Un rat blanc, femelle, de taille moyenne. Poids de l'embryon : 5 grammes. L'animal est sacrifié après 35 jours. On détache de la peau deux morceaux de 1 cm. 5 chacun. A l'examen microscopique, on aperçoit de nombreux kystes dont les parois sont tapissées d'un tissu épithélial pavimenteux ou d'un tissu cilié. Le tissu épithélial pavimenteux prolifère, pousse à la surface de courts prolongements. Les poils avec les glandes sébacées sont bien développés. Les dents sont complètement formées, par place les odontoblastes gardent encore l'aspect d'épithélium, ailleurs ils se flétrissent déjà. Les adamantoblastes se sont conservés en partie, faisant corps avec l'émail sous-jacent ; par place l'émail se décolle des cellules qui l'ont sécrété.

N° 9. — Un rat blanc, mâle, de taille moyenne. Poids de l'embryon : 5 gr. 5. L'autopsie est pratiquée après 44 jours. On enlève une masse longue de 3 centimètres. A l'examen microscopique, de nombreuses dents sont visibles, les unes normales bien distinctes avec des couches épaisses d'ivoire et d'émail autour de la pulpe vivante, les autres enchevêtrées. Ainsi, par exemple, dans la pulpe d'une dent bien développée se trouve l'ébauche d'une autre dent. Les tissus sousjacents des maxillaires se sont développés normalement, tels : le cartilage, l'épiderme avec les poils, la muqueuse buccale.

N° 10. — Un rat blanc, mâle, de taille moyenne. L'embryon pèse 5 gr. 5. L'autopsie est pratiquée après 86 jours. La greffe est trouvée enfouie sous la cuisse droite de l'animal. Elle est grande, a 2 centimètres de longueur sur 1 cm. 1/2 de largeur. Macroscopiquement, une partie du morceau enlevé présente des nodules nombreux ossifiés, l'autre est molle, renferme une substance floconneuse. La greffe est entourée d'une capsule très dense. Nous n'avons pas pu procéder à son examen microscopique, la coupe ayant été malheureusement perdue.

N° 11. — Un rat blanc, mâle, de taille moyenne. Poids de l'embryon : 5 gr. 5. L'animal est sacrifié après 97 jours. Un morceau long de 4 centimètres se trouve inclus dans la peau, sous la cuisse comme dans une poche profonde. Macroscopiquement : même aspect que précédemment. Microscopiquement : la coupe présente des tissus variés tels que cartilage, os, tissu épithélial stratifié du type pavimenteux, épiderme, poils avec glandes sébacées. On aperçoit des kystes dont les parois sont revêtues par du tissu épithélial cilié ou du tissu épithélial pavimenteux. Ce dernier forme des couches très épaisses ; dans ses parties les plus profondes, de nombreuses figures de mitose sont visibles. Le cartilage est complètement ossifié. Ailleurs on voit dans la coupe le tissu épithélial cilié s'infiltrer de polynucléaires ; ses cellules dégénèrent. Les dents sont arrivées à leur complet développement, et sont normalement constituées.

N° 12. — Un rat blanc, mâle, de taille moyenne. L'embryon pèse 5 gr. 5. L'animal a été trouvé mort 112 jours après l'inoculation. A l'autopsie on enlève deux nodules, dont l'un plus petit que l'autre. Dans une partie de la greffe se trouve du pus. Microscopiquement, on aperçoit de nombreux kystes, irréguliers, revêtus de tissu épithélial cilié ; dans les intervalles on voit des muscles lisses. Le tissu osseux est abondant. Des dents il ne reste que l'ivoire et l'émail autour de la pulpe atrophiée presque complétement. Ailleurs, on voit dans la coupe le cartilage encore série. De la peau il ne reste rien, il en est de même de la muqueuse buccale.

N° 13. — Un rat blanc, mâle, de taille moyenne. Il est sacrifié après 112 jours. Poids de l'embryon : 5 gr. 5. Macroscopiquement, des îlots cartilagineux et osseux sont visibles ; d'une partie de la greffe s'échappe une substance floconneuse (matière sébacée ?). A l'examen microscopique, on note le même aspect que dans le cas du rat n° 11. Les tissus sont absolument vivants.

N° 14. — Un rat blanc, mâle, de taille moyenne. Il est autopsié après 118 jours. Poids de l'embryon utilisé : 5 gr. 5. La greffe est de 4 centimètres, elle est consistante, montre des îlots osseux très nombreux. A l'examen histologique, on voit de nombreux kystes, irréguliers, revêtus d'un tissu cellulaire, en couche très mince. Entre les kystes se trouvent des globes épidermiques ; ailleurs des bourgeons formés par un tissu épithélial pavimenteux. On observe encore un cartilage adulte parfaitement vivant aux cellules très volumineuses. On n'aperçoit pas de figures karyokinétiques.

N° 15. — Un rat blanc, mâle, de taille moyenne. Il est sacrifié après 5 mois. L'embryon pèse 5 gr. 5. La greffe détachée a 5 centimètres de long, elle est entourée de graisse. D'une partie de la greffe s'échappe un pus épais, floconneux. A l'examen microscopique on voit de nombreux kystes, tapissés soit par un tissu épithélial pavimenteux, bourgeonnant à la surface, soit par un tissu épithélial cilié. La peau persiste avec les poils et les glandes sébacées. Dans la couche profonde de l'épiderme de nombreuses cellules se divisent par clivage. L'os se maintient parfaitement vivant. Les dents ne sont représentées que par des débris formés par l'ivoire et l'émail en couches très épaisses, disposées autour de la pulpe dont on n'aperçoit que quelques traces. Les odontoblastes et les adamantoblastes ont disparu totalement.

Le tableau suivant résume les expériences concernant la greffe des maxillaires :

Séries N°	Nombre des rats inoculés	Sexe des rats inoculés	Age des rats porteurs de greffe	Poids de l'embryon	Résultats	
					+	—
I	2	♂	Jeunes, taille moyenne	4 gr.	2	—
2	6	»	»	5 gr. 5	6	--
3	9	♂ ♀	»	5 gr.	5	4
4	8	♂	»	5 gr. 5	2	6
5	4	»	»	3 gr.	4	—
6	5	»	Adultes. taille grande	2 gr. 5	3	2
7	4	»	Jeunes, taille moyenne	2 gr.	4	—
8	4	»	Jeunes, taille petite	2 gr. 5	3	1
9	8	»	»	3 gr.	4	4
10	6	♀	Adultes. taille grande	4 gr.	6	6
11	6	♂ ♀	Jeunes, taille petite	1 gr. 5	---	---
12	6	♂	Jeunes, taille moyenne	3 gr.	6	—

In toto : 68 rats inoculés ; 45 résultats positifs ; 23 résultats négatifs.

De toutes les greffes, en général, que nous avons pratiquées celle des maxillaires embryonnaires est la plus facile à obtenir. Elle réussit presque toujours quelque soit l'âge de l'embryon, tandis que pour la greffe des autres organes il faut souvent choisir convenablement l'âge de l'embryon. Nous venons de voir que les maxillaires enlevés chez un embryon dont le poids est ou bien de 5 grammes à 5 gr. 5 (embryon âgé), ou bien de 2 grammes à 2 gr. 5 (embryon jeune), et transplantés sous la peau du rat adulte, peuvent se différencier, continuer leur développement et achever même complètement l'évolution des tissus tels que : tissus dentaires, tissus de la peau. Ces tissus, accompagnés d'os et de cartilage, peuvent ensuite se conserver pendant des mois, proliférer même, comme par exemple le tissu épithélial qui est capable de bourgeonner après cinq mois. L'âge de l'animal porte-greffe intervient au point de vue de la conservation de la greffe. Celle-ci se maintient mieux lorsque l'animal est jeune. En ce qui concerne la limite de persistance des greffes en question, nous ne pouvons pas encore nous prononcer, car actuellement, après sept et même douze mois, certaines de nos greffes de maxillaires continuent encore à évoluer.

2° *Langue.* — Nous l'avons extirpée de la cavité buccale de l'embryon et incluse sous la peau d'un rat adulte, entière ou découpée en petits fragments. La dimension de la langue était de 2 millimètres. Nous l'avons greffée sur quatorze rats, jeunes, de petite taille. Le poids de l'embryon variait entre 3 et 4 grammes. Six rats nous ont donné des résultats positifs, deux ont été sacrifiés, quatre utilisés pour des expériences ultérieures. A l'autopsie on détache de la peau une masse longue de 1 cm. 5 sur 1 centimètre de largeur.

Microscopiquement après 30 jours, la structure est la suivante : kystes, revêtus par un épithélium stratifié du type pavimenteux ; muqueuse linguale avec des papilles courtes revêtues par un épithélium pavimenteux très épais ; les muscles striés de la langue sont intriqués les uns dans les autres et parfaitement développés (Pl. III, fig. 1).

3° *Fémur.* — Nous avons essayé de greffer le fémur de l'embryon en entier ou en fragments, couvert ou non de la peau. Les embryons qui nous ont servi étaient de différents âges. Nous avons opéré sur vingt-neuf rats, mâles ou femelles, jeunes, de taille moyenne, dix-sept rats nous ont donné des résultats positifs. Actuellement nous possédons encore deux greffes de fémur qui datent du 5 novembre 1912, âgées par conséquent de plus d'un an. Après un long stade de repos, nous notons pour une de ces greffes, depuis 2 à 3 mois, une augmentation de volume. Elle semble de nouveau évoluer. A l'autopsie l'organe transplanté atteignait deux à six fois son volume primitif, sa forme souvent était encore reconnaissable. Dans un cas, après 60 jours, le fémur greffé en fragments, atteint la longueur de 3 centimètres. La tête de fémur est constituée par deux tubercules accolés l'un à l'autre. A l'examen microscopique on voit une ossification régulière et très belle du cartilage, lequel coiffe la moelle osseuse. Ailleurs les cellules cartilagineuses prolifèrent, elles sont réparties en groupes constituant le cartilage sérié. La peau annexée se développe avec les poils et les glandes (Pl. III, fig. 2). Dans un autre cas, le fémur enlevé dix mois après la greffe, montre à l'examen microscopique, encore de la moelle osseuse, qui se maintient parfaitement vivante et occupe toute l'épaiseur de la greffe. Elle est entourée de lamelles osseuses. Deux îlots cartilagineux persistent encore, dont les cellules cartilagineuses sont réparties en groupes sériés. Beaucoup de tissus desquamés.

Tableau résumant la greffe des fémurs.

Séries N°	Nombre des rats inoculés	Sexe des rats inoculés	Age des rats porteurs de la greffe	Poids de l'embryon	Résultats	
					+	−
1	10	♂ ♀	Jeunes. taille moyenne	5 gr.	8	2
2	6	♂	»	3 gr.	2	4
3	4	»	»	2 gr. 5	2	2
4	5	»	»	2 gr.	3	2
5	4	»	Adultes. taille grande	3 gr.	2	2

In toto : 29 rats inoculés : 17 résultats positifs : 12 résultats négatifs.

4° *Yeux.* — Pour pratiquer la greffe des yeux nous les avons enlevés en entier chez l'embryon avec le pédicule qui les attache à l'orbite. Les annexes de l'œil qu'on a transplantés en même temps que l'œil étaient : la conjonctive et la glande lacrymale. Les embryons dont les yeux devaient servir à la greffe étaient de différents âges. A l'aide du trocart on introduit un seul œil de l'embryon sous la peau du rat adulte. Les rats porteurs de la greffe étaient blancs et noirs, mâles ou femelles, de préférence les femelles. Nous avons sacrifié les animaux à des intervalles variant de 21 jours à 131 jours. Les coupes étaient colorées par le Trichromique de Pierre Masson (méthode simplifiée de Mallory) (voir p. 19).

Voici le résumé de nos recherches microscopiques :

N° 1. — Un rat blanc, femelle, de grande taille, reçoit sous la peau de l'aisselle droite deux yeux embryonnaires. Poids de l'embryon : 5 grammes. Dimension de l'œil : environ 1 millimètre de diamètre. L'animal est sacrifié après 34 jours. A l'autopsie on détache de la peau un kyste transparent plein de liquide. Ce kyste se compose de deux vacuoles ; à la surface de chaque vacuole se trouve accolée une petite masse ronde ; l'œil embryonnaire greffé. L'étude histologique permet de reconnaître des kystes irréguliers, réunis par un tissu cellulaire lâche, dont les parois sont formées par de petites cellules arrondies. De l'œil proprement dit on voit : la cornée dont l'épithélium est stratifié, pavimenteux. A la périphérie les cellules sont aplaties et polyédriques vers la profondeur. Le tissu cornéen montre parmi les fibres conjonctives quelques noyaux. La lame de tissu cornéen n'est pas très épaisse, les faisceaux conjonctifs ne sont pas fusionnés. De la choroïde on ne voit qu'un tissu conjonctif réticulé, avec quelques cellules pigmentaires. La rétine subit une dégénérescence, on voit encore quelques cellules nerveuses différenciées en cônes, dont les noyaux sont situés sur une seule rangée. Ces cellules sont accompagnées d'autres éléments de la rétine disposés irrégulièrement et d'une manière générale très difficile à reconnaître. Le cristallin est bien conservé, présente les fibres cristalliniennes en coupe hexagonale très réfringentes, les noyaux sont très pâles, à peine visibles.

N° 2. — Un rat blanc, femelle, de grande taille. On lui greffe sous la peau un œil d'embryon. L'animal est sacrifié après 41 jours. On enlève une masse cinq fois plus grande qu'au début de l'expérience. Microscopiquement on distingue la chambre antérieure de l'œil séparée de la chambre postérieure par un ligament, celui-ci est constitué par un tissu cellulaire jeune bordé de tissu épithélial pavimenteux. En avant de la chambre antérieure de l'œil on peut voir un petit morceau de la sclérotique. Ce cristallin est bien développé, les fibres cristalliniennes sont en facette, leurs noyaux très pâles. Au pourtour de la cornée et du segment antérieur du globe oculaire, on voit se continuer un épithélium stratifié, du type pavimenteux (la conjonctive oculaire). Dans cet épithélium on remarque des cellules muqueuses très claires réparties en groupes. Ces petits amas de cellules muqueuses sont disposés régulièrement à une distance constante les uns des autres (Pl. VIII, fig. 3). En ce qui concerne les annexes oculaires, on constate encore la présence d'une glande dont la structure est celle de la glande lacrymale. Son développement est appréciable. Les cavités sécrétantes présentent une large lumière, les cellules sécrétantes sont pyramidales. Une grande infiltration de lymphocytes est à noter. Les éléments de la rétine se sont résorbés.

N° 3. — Un rat blanc, femelle, de grande taille. Poids de l'embryon : 5 grammes. Un œil embryonnaire est greffé sous la peau de l'animal. A l'autopsie, après 44 jours, on enlève un kyste transparent plein d'un liquide incolore, où on voit flotter librement le petit œil greffé. A l'examen microscopique on note : la présence du cristallin avec quelques fibres nucléées ; la cornée est accompagnée d'un épithélium pavimenteux dans lequel des amas de cellules sont très fréquents, et plus loin dans la coupe à ce même épithélium pavimenteux de la conjonctive est annexée la glande lacrymale ; celle-ci est volumineuse. Certains acinis ont une lumière étroite, les autres une lumière plus large. L'épithélium glandulaire est constitué par des cellules hautes ou très basses. Un stroma conjonctif et quelques vaisseaux représentent la choroïde.

N° 4. — Un rat blanc, mâle, de taille moyenne. L'embryon pesait 1 gr. 5. On sacrifie l'animal au bout de 30 jours. La dimension du kyste enlevé est de 2 centimètres de long sur 1 centimètre de large. Ce kyste est plein d'un liquide noir. A l'examen microscopique, on voit persister seulement les tissus annexes de l'œil. Ainsi, le tissu épithélial pavimenteux de la conjonctive oculaire avec de nombreuses cellules muqueuses se continue avec la conjonctive des paupières. De ces dernières on aperçoit la peau avec la couche cornée desquamée. Dans la peau on voit s'implanter de petits poils, à chaque poil est annexée une petite glande sébacée (glande ciliaire ?). A la surface de la peau débouchent des glandes sébacées volumineuses, les noyaux de certaines cellules sébacées sont désagrégés. Ces cellules se détruisent, ainsi que le font dans les conditions normales les cellules sébacées arrivées au terme de leur élaboration graisseuse. La glande lacrymale est volumineuse, elle est toujours accompagnée d'un épithélium pavimenteux sécrétant.

N° 5. — Un rat blanc, mâle, de taille moyenne. Poids de l'embryon : 1 gr. 5. A l'autopsie, faite 48 jours après la greffe, on enlève un kyste volumineux plein d'un liquide rouge. On trouve à l'examen microscopique le même aspect que dans le cas précédent. Le globe oculaire se déforme et prend des dimensions énormes.

N° 6. — Un rat blanc, mâle, de taille moyenne. Poids de l'embryon : 1 gr. 5. A l'autopsie, après 60 jours, on enlève un kyste plein d'un liquide rouge. L'étude histologique montre un grand développement de la glande lacrymale, d'un aspect absolument normal. Un épithélium pavimenteux avec de nombreuses cellules à mucus se trouve sur son pourtour. Le cristallin est reconnaissable ainsi que la cornée. Aucun vestige des autres tissus du globe oculaire.

N° 7. — Un rat blanc, mâle, de taille moyenne. Poids de l'embryon : 1 gr. 5. L'animal est sacrifié après 131 jours. On enlève un kyste long de 2 centimètres, plein d'un liquide noir. A l'examen microscopique l'aspect est le même que dans le cas précédent. Le cristallin et la glande lacrymale représentent toute la structure de l'œil.

N° 8. — Un rat noir, mâle, de grande taille. La femelle dont les embryons ont servi pour la greffe, était fécondée par un rat noir. Poids de l'embryon : 3 gr. 5. L'œil noir embryonnaire est implanté sous la peau du rat adulte. A l'autopsie, après 21 jours, on détache de la peau une masse ronde, encapsulée, transparente, de coloration noire. L'examen microscopique ne révèle rien des tissus propres à l'œil, ce sont toujours les tissus des annexes du globe oculaire qui se sont bien développés, tels que la conjonctive oculaire, les glandes.

N° 9. — Un rat noir, mâle, de grande taille. Poids de l'embryon : 3 gr. 5. On pratique la greffe d'yeux embryonnaires noirs. L'animal est sacrifié au bout de 90 jours. Un kyste transparent et noir est enlevé. A l'étude histologique l'aspect de la coupe est le suivant : les cavités oculaires sont séparées par un ligament. C'est une mince lame de tissu cellulaire formé par des éléments fusiformes et arrondis disposés irrégulièrement et revêtue sur chacune de ses deux faces par un épithélium mince. Ce qui persiste et se développe le mieux, ce sont les annexes oculaires tels que : la glande lacrymale, le tissu épithélial pavimenteux de la conjonctive et la peau des paupières. Comme témoin, on a pratiqué des coupes en séries d'un œil noir embryonnaire pris parmi ceux destinés à être greffés. Leur étude histologique montre un développement non achevé de l'œil. La vésicule oculaire présente deux feuillets séparés par une fente rétinienne. Le feuillet externe est tapissé par une couche de petites cellules, tandis que les

— 34 —

cellules du feuillet interne sont hautes et serrées. Le feuillet interne est épais, différencié déjà en plusieurs couches de cellules toutes identiques encore. Entre les deux bords de la vésicule optique est comprise l'ébauche du cristallin, dont la moitié antérieure est mince, la postérieure a déjà ses cellules allongées

Nous avons essayé de greffer les yeux noirs provenant des mêmes embryons sur trois rats blancs, mais le résultat a été toujours négatif.

Ainsi nous venons de voir neuf greffes d'yeux embryonnaires positives sur un total de 35 greffes. Dans tous les cas cités, nous avions pu toujours constater un développement et une persistance très longue des annexes oculaires tels que peau des paupières, conjonctive, glande lacrymale. Parmi les éléments ectodermiques propres à l'œil, le cristallin et la cornée sont ceux qui persistent le plus longtemps. Les éléments pigmentaires s'observent rarement, la rétine se résorbe en premier lieu. Si nous résumons les conditions dans lesquelles nous avons opéré la greffe des yeux embryonnaires il en résultera : que ni l'âge de l'embryon, ni celui du rat porteur de la greffe, ne sont susceptibles d'influencer le résultat de la greffe. Il nous a semblé cependant que les yeux déjà un peu différenciés, c'est-à-dire des embryons âgés (4 à 5 grammes), se prêtent mieux à la greffe.

Tableau résumant la greffe des yeux embryonnaires

Séries N°	Nombre des rats inoculés	Sexe des rats inoculés	Age des rats porteurs de greffe	Poids de l'embryon	Résultats +	—
1	5	♂	Adultes, taille grande	5 gr.	3	2
2	7	♂♀	Jeunes, taille moyenne	1 gr. 5	4	3
3	5	♀	Jeunes, taille petite	1 gr. 5		5
4	6			1 gr		6
5	6			1 gr		6
6	6, 3	♂♀	Adultes, taille grande	1 gr.	2	4

Du système nerveux des embryons. nous avons essayé de greffer le cerveau et la moelle épinière, mais les résultats sont restés toujours négatifs.

Parmi les tissus *incisés*, sur place dans l'embryon. pour la transplantation, nous rappellerons encore, nos essais de greffe de lambeaux de la peau des embryons. Le résultat a été toujours négatif, tandis qu'ainsi que nous venons de le voir la peau transplantée avec un organe (maxillaire. fémur) a continué à se développer. Son épiderme prolifère. se multiplie. produit des poils, forme des glandes et finit par se desquamer par sa surface.

5° *Intestin et estomac.* — Les embryons dont nous nous sommes servis pour faire la greffe étaient de différents âges, afin de pouvoir déterminer celui qui donnerait les meilleurs résultats. Les rats porteurs de greffes étaient mâles ou femelles, adultes ou jeunes, de grande taille, moyenne ou petite. L'estomac nous a donné un résultat minime en comparaison de celui obtenu avec l'intestin ; pour cette raison nous n'avons continué que les greffes de ce dernier organe.

Pour pratiquer la greffe nous prélevions les anses intestinales et l'estomac dans le péritoine des embryons les séparant bien de tissus voisins. Ils étaient ensuite inclus sous la peau du rat adulte, entiers ou par fragments. La dimension du fragment intestinal inclus, variait entre 1 à 2 millimètres. Dès les premiers jours après la greffe c'est-à-dire du huitième au dixième jour, on note une augmentation appréciable de volume. la croissance continue toujours (voir Pl. IV. fig. 2. rat avec greffe de l'intestin, âgée de trois mois ; et fig. 3, rat porteur d'une greffe d'intestin, âgée de 138 jours).

Nous avons actuellement une greffe qui continue toujours à s'accroître. Elle date du 13 juin 1913 et a par conséquent quatre mois. Cette greffe a une longueur de 4 à 5 centimètres environ et présente, tout en bas de l'abdomen du rat, un énorme kyste rougeâtre, mou à la palpation.

Nous avons opéré la greffe de l'intestin sur 83 rats dont 43 nous ont donné des résultats positifs. Nous n'avons pas autopsié tous les animaux car le plus grand nombre de nos greffes d'intestin devait servir à des expériences ultérieures, sur lesquelles nous reviendrons dans le dernier chapitre de notre thèse. Nos recherches microscopiques portent donc seulement sur quelques animaux. Nous les avons sacrifiés à des intervalles variant de 15 jours à 67 jours. Les coupes ont été colorées à l'hématéine-éosine et par la méthode au safran de M. P. Masson.

N° 1. — Un rat blanc, mâle, de taille moyenne. Il est porteur des deux greffes : reins à l'aisselle gauche, intestin avec estomac à l'aisselle droite. L'embryon dont les organes servent à la greffe pèse 1 gr. 5. Le rat se montre réceptible pour les deux greffes. A l'autopsie, pratiquée après 21 jours, on enlève à l'aisselle droite une masse de 2 centimètres de longueur, sur 1 cm. 5 de largeur. Elle est entourée d'une capsule constituée par un tissu conjonctif lâche. On coupe la greffe enlevée en deux moitiés, aucun liquide ne s'écoule; la masse est compacte.

A l'examen microscopique la coupe présente la structure suivante : les villosités nombreuses de la muqueuse intestinale sont entourées d'un tissu formé par des éléments ronds ou fusiformes et où s'entremêlent des fibres musculaires lisses ; à la muqueuse intestinale se trouvent annexées les glandes de Lieberkühn (Pl. V, fig. 1). Ces glandes ainsi que l'épithélium de revêtement sécrètent activement du mucus par leurs cellules caliciformes (Pl. VIII, fig. 1. Cette sécrétion est abondante, elle remplit la lumière de la villosité. Dans l'épithélium glandulaire on observe des figures de mitose très nombreuses. Le fond des glandes repose sur une couche musculaire lisse à fibres longitudinales, laquelle forme une couche continue autour des cryptes des glandes et les fibres se mêlent au tissu conjonctif environnant. Ailleurs, dans la même coupe, plus profondément, on observe des glandes tubuleuses et ramifiées avec épithélium à cellules plus hautes (glandes de Brünner?). Comme témoin de la greffe nous avions pratiqué des coupes en séries de l'intestin de l'embryon, frère de celui qu'on a greffé. Nous avons constaté que la muqueuse intestinale au moment de la transplantation présente déjà de petites invaginations. L'épithélium est formé de cellules cylindriques hautes, non différenciées encore. Il n'y a pas de cellules caliciformes. La surface libre de l'intestin n'est pas encore revêtue par une bordure en brosse. Pas de glandes différenciées de Lieberkühn, pas de musculeuse Pl. V, fig. 2. De l'estomac qui a été greffé avec l'intestin, on ne peut relever aucune trace.

N° 2. — Un rat blanc, femelle, de taille moyenne. L'intestin embryonnaire seul sans l'estomac est inclus en entier. Poids de l'embryon : 3 grammes. On sacrifie l'animal après 15 jours. A l'examen microscopique, même aspect que dans le cas précédent. Un témoin montre un épithélium intestinal formé de cellules hautes toutes semblables ; pas de cellules caliciformes, pas de glandes : la muqueuse intestinale présente de petites villosités, la musculeuse commence à s'ébaucher.

N° 3. — Un rat blanc, mâle, jeune, de taille moyenne. Poids de l'embryon : 1 gr. 5. On introduit sous la peau du rat adulte, à l'aisselle droite, l'intestin et l'estomac non séparés et entiers. Le rat porte en même temps, sous l'aisselle gauche, une greffe d'un autre organe (la tête avec le cou du même embryon). Les deux greffes se sont bien développées. Après 40 jours, de chaque côté de l'animal on trouve une masse d'environ 2 à 3 centimètres sur 1 et 1 1/2. L'étude histologique de la greffe de l'intestin montre à un faible grossissement, une série de kystes entourés par une capsule de tissu conjonctif assez dense et réunis entre eux par un tissu interstitiel riche en éléments cellulaires. A un plus fort grossissement on voit que la lumière des kystes est remplie par une substance colloïdale, colorable en rouge par la fuchsine. Les uns ont leur paroi formée par un épithélium constitué de cellules basses, dont les limites cellulaires sont presque complètement effacées. C'est de l'épithélium intestinal désagrégé. Les autres montrent annexées à ce même épithélium, les glandes de Lieberkühn, lesquelles persistent en très bon état. L'épithélium glandulaire cylindrique présente de nombreuses figures karyokinétiques. Ailleurs, la paroi du kyste est formée par l'épithélium intestinal normal. Ci et là on voit quelques villosités intestinales plongées dans un tissu conjonctif jeune et dont la muqueuse est continue ; des glandes de Lieberkühn y sont annexées et sont en pleine activité. Le tissu interstitiel entre les kystes est compact. Il est formé d'éléments conjonctifs et épithéliaux ; des fibres musculaires s'y mêlent. La musculeuse entoure les villosités et les kystes.

N° 4. — Un rat blanc, mâle, de taille moyenne. Poids de l'embryon : 2 grammes. L'intestin fragmenté est inclus sous la peau d'un rat adulte. On sacrifie l'animal après 67 jours. Une greffe de 4 centimètres est enlevée. A l'examen microscopique on note la structure kystique. Les kystes sont tapissés par un épithélium cylindrique continu. La muqueuse intestinale des villosités est formée de cellules cylindriques entre lesquelles on trouve des cellules caliciformes sécrétant du mucus. De courtes invaginations en partent : ce sont les glandes de Lieberkühn, dont l'épithélium présente de nombreuses figures de mitose. Les glandes ainsi que l'épithélium de revêtement sont en pleine activité ; du mucus en remplit la lumière. Autour des villosités se trouvent des fibres musculaires lisses, constituant par place une couche continue ; ailleurs, elles s'entremêlent avec des fibres du tissu conjonctif. Les kystes sont réunis par un tissu cellulaire jeune, formé d'éléments ronds et fusiformes. Un témoin, conservé, nous apprend que l'intestin embryonnaire, au moment de la greffe, n'était pas encore complétement différencié. La muqueuse intestinale était formée de cellules cylindriques toutes semblables encore, elle s'invaginait donnant des petites villosités ; leur lumière était très étroite. Ailleurs la coupe montre des cordons épithéliaux encore pleins où la lumière ne s'est pas encore creusée.

N° 5. — Un rat mâle de taille moyenne. L'embryon pèse 2 grammes. On greffe l'estomac fragmenté sous la peau de l'aisselle droite d'un rat adulte. Un estomac provenant de l'embryon frère, de celui qui a été greffé est fixé comme témoin. En même temps le rat reçoit à l'aisselle opposée un rein embryonnaire. Les deux greffes se sont développées. Elles sont enlevées après 20 jours. L'estomac présente une greffe de 1 à 1 cm. 1/2. A l'examen microscopique, une partie de l'estomac est revêtue d'un tissu épithélial stratifié, du type pavimenteux, dont les couches superficielles sont desquamées déjà ; cette partie se continue avec les glandes de l'estomac. L'épithélium glandulaire est formé de cellules épithéliales cylindriques et montre de nombreuses figures karyokinétiques. La musculature est composée de fibres longitudinales et circulaires. Dans la sous-muqueuse se trouvent les follicules lymphocytaires. L'étude histologique comparative du témoin montre que l'estomac embryonnaire, au moment de la greffe, est déjà différencié en deux parties : gauche et droite. La première est formée d'invaginations profondes, revêtues de tissu épithélial stratifié, pavimenteux ; la seconde ne présente que la muqueuse formée des hautes cellules et laquelle commence à s'invaginer. Les glandes ne sont pas encore formées dans cette partie.

En résumé, nos recherches microscopiques nous ont montré que l'intestin de l'embryon de rat non différencié fonctionnellement, transplanté sous la peau de l'animal adulte de la même espèce, continue à se développer. Il évolue jusqu'à sa fonction sécrétrice. Cette différenciation est accompagnée et conditionnée par une prolifération cellulaire intense.

Nous avons pratiqué nos greffes de l'intestin embryonnaire sur seize séries d'animaux.

Nous résumons les résultats de ces greffes dans le tableau suivant :

Tableau résumant la greffe de l'intestin et de l'estomac

Séries N°	Nombre des rats inoculés	Sexe du rat porte-greffe	Age du rat porte-greffe	Organes greffés		Poids de l'embryon	Nombre des greffes obtenues	Résultats	
				Aisselle droite	Aisselle gauche			Int	Est.
1	»	♂	Jeunes, taille moyenne	Tête + cou	Intestin et estomac entiers	1 gr. 5	1	..	—
2	5 {2/3}	»	»	Intestin + est. découpés / —	reins / int. + est. découpés	1 gr. 5	4	+	—
3	1	♀	Adultes, taille grande	Intestin découpé	Estom. découpé	3 gr.	1	..	..
4	8 {4/4}	♂	Jeunes, taille moyenne	estom. déc. / intestins déc.	Rein / —	» gr.	8	-(4)	+(4)
5	4 {2/2}	♀	Jeunes, taille moyenne	intestins ent. / estomacs ent.	—	3 gr.	2	-(1)	(1)
6	7	♂	Jeunes, taille moyenne	Intestin découpé	—	» gr.	6	..	..
7	6	»	»	Estom. découpé	—	2 gr.	3	..	..
8	5	»	Jeunes, taille petite	Intestin découpé	—	3 gr.	3	..	—
9	6	♀	Jeunes, taille moyenne	»	—	3 gr. 5	3	+	—
10	8	♂	Jeunes, taille petite	Intestin découpé	—	1 gr. 5	3	..	..
11	4	»	Jeunes, taille moyenne	»	—	3 gr.	4	..	..
12	6	»	Adultes, taille grande	»	—	3 gr	0	..	..
13	6	»	Adultes, taille grande	»	—	3 gr. 5	0	—	—
14	4	»	Jeunes, taille moyenne	»	—	2 gr.	2	+	—
15	6	»	»	»	—	4 gr.	0	—	—
16	5	♀	Jeunes, taille moyenne	»	—	» gr. 5	3	..	..

Il résulte de ce tableau que les 43 cas positifs comprennent 9 greffes d'estomac (sur 20) et 34 greffes d'intestin. Le facteur qui semble particulièrement influencer la greffe de l'intestin embryonnaire est *l'âge de l'embryon* dont l'intestin ou l'estomac devaient servir à la greffe. Nous avons évalué cet âge d'après le poids et nous avons remarqué que la greffe de l'intestin réussit le mieux et presque à coup sûr lorsque l'embryon pèse 2 grammes. Cela a été le cas de la plupart de nos greffes positives. Lorsque l'embryon pesait de 1 gr. 5 à 3 grammes la greffe donnait des résultats moyens, tandis qu'avec les embryons pesant de 3 gr. 5 à 4 grammes le résultat était toujours négatif. L'âge de l'animal récepteur, joue certainement un rôle important dans la greffe de l'intestin. Les rats adultes vieux ont donné presque toujours des résultats nuls : le mieux pour la greffe de l'intestin embryonnaire c'est d'employer des rats jeunes de taille petite ou moyenne.

6° *Glandes salivaires*. — Nous avons transplanté les glandes salivaires comprises dans la région sous-maxillaire de l'embryon : 1° non isolées et 2° séparées complètement des tissus voisins. La technique dans le premier cas était simple : le cou de l'embryon ou la tête entière avec la région sous-maxillaire étaient réduits en fragments, ces derniers étaient ensuite inclus sous la peau de l'animal adulte, de sorte que les glandes salivaires se sont trouvées transplantées soit toutes entières soit seulement en partie. Elles se sont développées et ont proliféré au milieu de tissus variés. Ainsi dans un cas, où nous avons greffé la tête de l'embryon et la région sous-maxillaire fragmentés, les deux glandes se trouvaient comprises en même temps dans un des fragments inclus. L'examen microscopique de la greffe en question après 40 jours montrait l'aspect suivant : les deux glandes se trouvaient logées chacune à un bout de la greffe entre des travées osseuses. Une lame de tissu conjonctif entourait chaque glande et la séparait ainsi de tissus voisins. Une de ces glandes présentait des conduits larges, très distendus, revêtus d'un épithélium plat très mince, à côté de petits canaux très serrés, colorés plus intensément. Ces derniers étaient tapissés par une assise formée d'éléments cubiques ou par plusieurs couches d'éléments épithéliaux aplatis. Par places cet épithélium bourgeonne, certaines cellules se divisent par clivage. Quelques acinis formés de cellules coniques sont visibles. L'autre glande est constituée par de petits canaux très serrés revêtus d'une couche unique de cellules cubiques, dont les limites ne sont pas visibles ou de plusieurs couches. Cet épithélium donne de courts prolongements en forme de petits bourgeons épithéliaux. Il y en a qui sont réunis entre eux par ces cordons cellulaires. Quelques cellules s'y divisent par clivage. Outre ces petits canaux, on voit dans la coupe les grands conduits excréteurs très distendus, et revêtus d'éléments épithéliaux plats ; quelques-uns de ces conduits montrent encore l'épithélium cylindrique normal. On n'aperçoit que quelques acinis petits formés de cellules coniques et creusées d'une lumière étroite. Entre les canalicules, conduits et acinis, s'infiltre abondamment un tissu cellulaire jeune formé de petits éléments ronds.

Dans une autre greffe de la tête transplantée avec la région sous-maxillaire et examinée 48 jours après l'implantation, on constate le développement d'une glande salivaire, du type nettement séreux (la sous-maxillaire). Elle est entourée d'un tissu graisseux qui l'isole complètement du tissu voisin où se trouve de la peau différenciée avec des poils. La glande salivaire fait corps avec un follicule lymphoïde dont les petites cellules rondes s'infiltrent dans la glande. Cette dernière montre ses deux parties, excrétrice et sécrétrice bien développées. Les acinis sont nombreux, leur lumière est très réduite, les cellules qui les constituent sont coniques. Entre les acinis se trouvent une série de petits canalicules, revêtus d'une seule couche d'éléments épithéliaux aplatis, ou de plusieurs couches. Certains de ces tubes sont revêtus de cellules cubiques disposées sur un seul rang et dont les limites cellulaires sont bien visibles. On aperçoit encore les conduits excréteurs très distendus, tapissés d'un épithélium endothélial ; par places il est formé de plusieurs couches, et les cellules s'y divisent par clivage.

Nous pouvons encore noter la présence de glandes salivaires dans les greffes des maxillaires. Elles ont été entraînées par hasard, et ont proliféré parmi des tissus variés. Les greffes étaient examinées après 43 jours et 60 jours. La sous-maxillaire se trouve ici logée entre le cartilage et un kyste revêtu d'un tissu épithélial pavimenteux. Elle en est séparée par une large bande de tissu conjonctif, se trouvant ainsi complètement isolée et faisant saillie un peu en dehors des tissus voisins. La coupe montre de nombreux canaux à lumière large, revêtus d'une unique couche de cellules cubiques, indifférentes, dont les limites sont difficilement visibles. Les travées de la glande sont constituées par le tissu conjonctif, dont les fibres se mêlent à un tissu jeune, formé de petites cellules rondes. Nous verrons, plus loin, la glande salivaire prendre le même aspect, lorsqu'elle sera implantée isolément : la présence de tissus environnants n'entrave donc guère son développement.

Pour pratiquer les greffes des *glandes salivaires isolées* de tous les tissus voisins nous nous sommes servis d'embryons âgés : leurs poids a oscillé entre 3 gr. 5 et 4 grammes. Les glandes salivaires que nous avons greffées étaient la parotide et la sous-maxillaire d'un embryon de rat ou d'un rat nouveau-né. La dimension de ces organes étant très petite (la parotide de l'embryon du rat est difficilement perceptible : elle est grosse comme une tête d'épingle, très transparente ; le volume de la sous-maxillaire est un peu plus grand) nous avons dû adopter pour leur inclusion une technique un peu spéciale. Elle nous a été proposée par M. le Dr P. Masson, à qui nous devons l'initiative de nos greffes isolées de glandes salivaires. Sa collaboration a grandement facilité notre tâche.

Voici la technique que nous avons adoptée :

On pratique une incision à la partie inférieure de la région sous-maxillaire de l'embryon ou de l'animal nouveau-né. Elle est poursuivie jusqu'aux maxillaires. La peau très mince de l'embryon est écartée d'un côté. A l'aide d'une pipette de verre effilée, on aspire légèrement la parotide ou la sous-maxillaire qu'on désire greffer. Après l'avoir identifiée sous le microscope, on introduit immédiatement la glande sous la peau d'un rat adulte. Celle-ci est percée, un instant avant, avec la cuiller du trocart. Ce dernier étant maintenu sur le rat, on y glisse la pipette effilée avec la glande qu'elle contient. On souffle dans la pipette et la glande salivaire est ainsi mise en liberté sous la peau de l'animal destiné à porter la greffe.

Nous avons ainsi pratiqué la greffe des glandes salivaires sur 3o rats mâles ou femelles, jeunes, de taille moyenne. Sur ce nombre, jusqu'à présent, nous avons sacrifié sept rats à des intervalles variant de 21 à 90 jours. A l'autopsie, nous avons pu facilement retrouver la glande, celle-ci ayant augmenté de plusieurs fois son volume primitif. Elle adhérait intimement à la peau du rat, sous l'aisselle, ou était accolée au péritoine. Voici les résultats de l'examen microscopique de ces greffes.

N° *1*. — Un rat blanc, mâle, de taille moyenne. L'embryon, dont la parotide est enlevée pèse 4 grammes. Celle-ci est introduite sous la peau, d'après la technique décrite. La greffe est enlevée après 21 jours. Pour l'étude histologique, nous examinons la glande coupée transversalement. Elle est encapsulée de tissu conjonctif et présente dans toute son épaisseur de petits canaux revêtus d'un épithélium mince, formé d'éléments cubiques, disposés en une couche unique. La partie sécrétrice de la glande fait complètement défaut. L'état de la glande est parfait, aucune réaction inflammatoire n'est visible.

N° *2*. — Un rat mâle, de taille moyenne. Poids de l'embryon : 4 grammes. La parotide greffée est enlevée après 3o jours. A l'examen microscopique on constate une grande infiltration de tissu lymphoïde ; des follicules entiers se trouvent dans les travées de la glande. L'aspect de la glande est le suivant : les canaux sont revêtus, ainsi que dans le cas précédemment décrit, par des cellules très aplaties disposées en une seule couche. De certains d'entre eux partent des cordons cellulaires formés d'éléments épithéliaux plats. Ces bourgeons sont pleins encore, ou creusés déjà d'une petite lumière. La glande salivaire semble donner lieu à une néoformation atypique d'un tissu, qui est à rapprocher de celui observé par Lubarsch au cours de ses expériences sur la transplantation de la sous-maxillaire adulte d'un lapin à un autre lapin.

N° 3. — Un rat mâle, de taille moyenne. Poids de l'embryon : 4 grammes. La parotide qu'on greffe est enlevée après 37 jours. Elle se trouve accolée à un ganglion lymphatique et entourée de tissu graisseux. L'étude histologique révèle la structure suivante : la greffe se maintient vivante dans toute son épaisseur. Elle est occupée toujours uniquement par des canaux à lumière très large, dont l'épithélium mince est formé de cellules basses à limites cellulaires bien visibles par endroits. Dans cet épithélium on note deux figures de karyokinèse et un grand nombre de cellules se divisant par clivage. Une multiplication des éléments épithéliaux a lieu, laquelle aboutit à la formation de petits amas cellulaires, dont les cellules plates se divisent par clivage et à côté, dans le même amas épithélial, on voit une figure de karyokinèse. Les acinis font défaut, quelques canaux excréteurs à épithélium prismatique sont visibles. L'infiltration par le tissu lymphoïde est faible (Pl. VIII, fig. 2).

N° 4. — Un rat mâle, de taille moyenne. Poids de l'embryon : 4 grammes. On enlève la parotide greffée après 44 jours. À l'examen microscopique, on constate le même aspect que dans le cas précédent. Dans les bourgeons épithéliaux à côté de cellules se divisant par clivage, on en voit une à l'état de karyokinèse. Les travées de la glande sont formées par du tissu conjonctif et des cellules petites, rondes.

N° 5. — Un rat mâle, de taille moyenne. Poids de l'embryon : 3 gr. 5. La parotide sœur de celle greffée est conservée comme témoin. Des coupes sériées en sont pratiquées, et montrent une glande très peu différenciée. Ce sont encore des cordons solides, dont les éléments épithéliaux indifférenciés présentent des figures diverses de karyokinèse. Ces amas cellulaires pleins sont compris dans une travée mince de tissu conjonctif riche en éléments étoilés. La greffe enlevée 24 jours après la transplantation montre, à l'examen microscopique, au lieu de la glande salivaire greffée, un kyste dermoïde. Les parties glandulaires n'ont pas évoluées.

N° 6. — Un rat mâle, de taille moyenne. Poids de l'embryon : 3 gr. 5. La parotide greffée est âgée de 90 jours. Elle a augmenté de six à huit fois son volume primitif. Le témoin conservé (le même que pour le n° 5) est la preuve de la différenciation et du développement atypique que la parotide subit lors de sa transplantation sous la peau de l'animal adulte. La partie excrétrice de la glande est seule différenciée, et les acinis font complètement défaut. Les canaux sont revêtus par une seule couche d'éléments épithéliaux plats ou par plusieurs couches. Les éléments épithéliaux bourgeonnent et se divisent intensivement par clivage.

N° 7. — Un rat mâle, de taille moyenne. Le nouveau-né dont la parotide fut enlevée pour la greffe pèse 5 grammes. Après avoir pratiqué la greffe sous la peau, on l'enlève après 53 jours. La glande a augmenté de deux à trois fois son volume primitif. Les coupes sériées du témoin montrent que la parotide du nouveau-né au moment de l'implantation n'était pas encore différenciée ; son aspect est celui d'une glande encore embryonnaire : les cordons cellulaires sont pour la plupart pleins, ou à peine creusés d'une lumière ; quelques-uns seulement revêtent déjà l'aspect des acinis ; autour de la lumière centrale, on voit des éléments coniques se disposer en un épithélium. Les figures karyokinétiques y sont nombreuses. L'examen microscopique de cet organe après la greffe montre le même aspect que l'étude histologique de la parotide embryonnaire transplantée, que nous avons décrite dans le n° 1.

De nos recherches microscopiques, portant sur un nombre encore restreint d'animaux en expérience, il résulte que les glandes salivaires embryonnaires, isolées ou non isolées de leurs tissus voisins, étant transplantées entières sous la peau de l'animal adulte, peuvent se développer et évoluer.

La différenciation de la glande est incomplète : la partie excrétrice seule évolue et la partie sécrétrice fait défaut presque constamment et d'une façon absolue.

La glande salivaire embryonnaire transplantée, présente fréquemment des modifications atypiques : épithéliums plats endothéliaux et néoformation de bourgeons épithéliaux. Ceci est à rapprocher des phénomènes décrits par Ribbert et Lubarsch dans leurs recherches sur la transplantation des glandes salivaires adultes, complétement différenciées au moment de l'implantation. La multiplication des éléments épithéliaux par amitose continue encore, même 90 jours après la transplantation. Il est intéressant de rappeler ici le fait constaté par Lubarsch que la multiplication des éléments cesse entre le onzième et treizième jour pour la greffe de la glande salivaire adulte, de même qu'Ottolenghi note déjà vers le huitième jour des phénomènes de régression.

Le tableau ci-dessous résume l'ordre de nos expériences sur la greffe des glandes salivaires isolées, que nous poursuivons encore à l'heure actuelle :

Séries No	Sexe des rats porte-greffe	Nombre des rats inoculés	Poids de l'embryon	Poids des nouveau-nés	Organes greffés		Nombre de rats sacrifiés
					aiss. dr.	aiss. g.	
1	♂	4	4 gr.	—	parotide	—	4
2	»	10	3 gr.	—	parotide	—	2
3	»	4	—	5 gr.	parotide	s.-max.	—
4	♂♀	7	—	5 gr.	parotide		1
5	♂	5	—	5 gr.	—	s.-max.	—

Parmi les autres organes glandulaires, nous avons essayé encore de greffer le foie et le pancréas embryonnaires. Le résultat de ces greffes a été jusqu'à présent toujours négatif.

Rein. — Enlevé chez des embryons de différents âges, le rein était inclus entier, sous la peau de l'aisselle d'un rat adulte, mâle ou femelle, lequel était souvent porteur d'une autre greffe à l'aisselle opposée. Le volume du rein embryonnaire était celui d'un petit pois. Pour nos recherches microscopiques, nous avions sacrifié les animaux à des intervalles variant de 20 jours à 42 jours. Voici les résultats obtenus :

N° 1. — Un rat mâle, de taille moyenne. Il est porteur des deux greffes : à l'aisselle droite, l'estomac ; à l'aisselle gauche, le rein ; les deux greffes ont réussies. Poids de l'embryon : 2 grammes. À l'autopsie, après 90 jours, le volume du rein a doublé et à l'examen microscopique la coupe présente l'aspect suivant : dans un tissu conjonctif jeune, formé de cellules fusiformes et rondes, dont les noyaux sont bien colorés et le protoplasma très clair, se trouvent des tubes d'aspect différent. Les uns ont une large lumière, et sont longs ; l'épithélium qui les revêt est formé d'une seule couche de cellules ou

de plusieurs couches. Dans ce dernier cas, le tube est entouré d'une
lame d'un tissu constitué par les éléments arrondis (chorion) et par
une musculeuse. A côté de ces grands tubes (uretères), on trouve à la
périphérie les petits canalicules rénaux. Ceux-ci montrent, autour de
la lumière étroite, les cellules épithéliales disposées sur un seul rang,
de forme conique et dont les limites sont bien distinctes. Ailleurs
sont disséminés, dans un tissu cellulaire jeune, de petits amas de cellules épithéliales, dont les superficielles sont endothéliformes, les cen-
trales sont fusionnées (corpuscules de Malpighi?). Dans les espaces
interstitiels s'infiltre abondamment un tissu d'aspect lymphoïde.
Des coupes en séries du rein embryonnaire, frère de celui qu'on a
greffé, ont servi de témoins. L'étude histologique montre dans la
partie centrale de la coupe transversale les tubes collecteurs, et dans
la partie périphérique (substance corticale) déjà une série de tubes
contournés. Il y en a qui sont encore sous la forme de petits amas épithéliaux sans lumière. On voit aussi quelques ébauches de corpuscules
de Malpighi, sous forme de pseudo-glomérules. Les voies excrétrices
sont représentées par des uretères à peine ébauchés dont l'épithélium
est formé de cellules irrégulièrement polyédriques. Dans la partie centrale du rein, on aperçoit quelques figures de mitose.

N° 2. — Un rat mâle, de taille moyenne. Le rat est porteur de deux
greffes : dans l'aisselle gauche, une greffe rénale; dans l'aisselle
droite, une greffe intestinale : les deux ont donné un résultat positif.
Poids de l'embryon : 1 gr. 5. A l'autopsie, après 24 jours, on extrait
un nodule qui présente un volume double de celui du rein embryonnaire greffé. A l'examen microscopique, au faible grossissement, on a
l'aspect d'ensemble : des cavités spacieuses sont revêtues, les unes par
un épithélium dont les cellules sont basses, les autres par un épithélium dont les cellules sont hautes, cylindriques. Les limites cellulaires
sont très visibles, le noyau est ovalaire, bien colorable. L'espace
interstitiel est occupé par un tissu formé d'éléments conjonctifs, fusiformes et ronds, mélangés à un tissu d'aspect lymphoïde. A un plus
fort grossissement, dans ce tissu cellulaire, on voit de petits tubes,
restés normaux. A côté, se trouvent des tubes distendus, formés de
plusieurs couches de cellules, infiltrées de polynucléaires. Ailleurs
des tubes à une lumière étoilée, dont l'épithélium est stratifié, ou
encore qui sont sans lumière, sous forme de bourgeons épithéliaux
pleins entourés d'une couche musculaire circulaire. Autour des tubes
il existe du tissu conjonctif jeune et des cellules à petit noyau ressem-
blant aux lymphocytes.

N° 3. — Un rat femelle, de petite taille. Sous l'aisselle gauche est
greffé un rein embryonnaire; sous l'aisselle droite, la région sous-

maxillaire. Poids de l'embryon : 3 grammes. A l'autopsie après 3o jours, on détache sous la peau, à l'aisselle droite, une masse de 1 cm. 5 de longueur sur 1/2 centimètre de largeur. Le rein embryonnaire est encore bien conservé. A côté des tubes très distendus, on voit quelques petits canalicules rénaux, normaux. Au centre de la coupe, se trouvent des tubes à lumière très spacieuse entourés d'une gaine formée par une couche musculaire à fibres circulaires. L'épithélium est constitué d'une seule couche de cellules ou de plusieurs. Les cellules sont basses ou hautes, cylindriques. Dans ces éléments épithéliaux les figures karyokinétiques sont très nombreuses. Le tissu interstitiel est formé d'un mélange d'éléments conjonctifs et épithéliaux, avec des traînées d'un tissu de nature lymphoïde. Ce tissu forme par place des îlots.

N° 4. — Un rat mâle, de petite taille. Il est porteur de deux greffes : à l'aisselle droite, une greffe de rein ; à l'aisselle gauche, une de langue ; les deux ont donné un résultat positif. L'embryon pèse 3 grammes. L'animal est sacrifié après 44 jours. On enlève un petit kyste d'aspect transparent. A l'examen microscopique : le même aspect que précédemment. A la périphérie de la coupe il y a un nombre plus grand de petits tubes, dont l'épithélium est disposé autour de la lumière étroite. Dans le tissu cellulaire interstitiel on trouve de nombreux petits amas de cellules épithéliales. Infiltration très abondante de tissu lymphoïde.

N° 5. — Un rat mâle, de taille moyenne. Le rat est porteur de deux greffes : à l'aisselle droite, greffe du rein ; à l'aisselle gauche, celle du rein et de la capsule surrénale. Poids de l'embryon : 2 grammes. La greffe est enlevée après 40 jours. Le rein embryonnaire est entouré d'une capsule de nature conjonctive. L'aspect de la coupe est le suivant : dans un tissu cellulaire, formé d'éléments fusiformes et ronds, on voit un grand tube à lumière étoilée (uretère). Il est entouré d'une couche musculaire circulaire. Son épithélium très épais est stratifié du type pavimenteux. Dans la partie supérieure et inférieure, ce tube envoie dans le tissu cellulaire sous-jacent des bourgeons pleins, des traînées cellulaires, dont les éléments épithéliaux se mêlent aux éléments du tissu sous-jacent. Par places les cellules de l'épithélium se divisent par clivage. A la périphérie on observe quelques petits tubes rénaux d'aspect normal.

Le rein de l'aisselle gauche présente le même aspect ; de la capsule surrénale, on ne retrouve aucune trace. Le témoin de la greffe sur des coupes en séries montre à la périphérie un nombre assez grand de tubes rénaux et au centre les canaux collecteurs, et tubes à épithélium prismatique. Les uretères sont ébauchés, leur épithélium est cylindrique, les cellules sont disposées sur un seul rang, autour de la lumière large et régulière.

Résumant nos recherches microscopiques, nous constatons que l'élément épithélial du rein d'embryon du rat transplanté sous la peau de l'animal adulte, est capable de persister très longtemps. Il se divise et prolifère.

Les tubes excréteurs ne se conservent qu'en nombre restreint, leur épithélium se désagrégeant bientôt. Les voies excrétrices, telles que les uretères, semblent persister le mieux, se développer et évoluer.

Nos expériences sur la greffe du rein embryonnaire portent jusqu'à présent sur un petit nombre d'animaux, il est donc difficile de se prononcer définitivement sur les conditions pouvant favoriser cette greffe.

Le tableau suivant résume nos expériences sur la greffe du rein embryonnaire :

Séries No	Nombre des rats porte-greffe	Sexe des rats porte-greffe	Age des rats porte-greffe	Poids de l'embryon	Nombre de rats sacrifiés	Résultats
1	5	♂ ♀	Jeunes, taille petite	3 gr.	2	+
2	2	♂	Jeunes, taille moy.	1 gr. 5	1	±
3	4	♂ ♀	Adultes, taille gr.	3 gr.	4	o
4	4	♂	Jeunes, taille moy.	2 gr.	1	—
5	4	♂	Jeunes, taille moy.	3 gr.	1	+

Résumé

Si nous parcourons d'un coup d'œil d'ensemble les résultats que nous ont donnés les différentes greffes embryonnaires, pratiquées sous la peau de rats adultes, nous pouvons dire que :

1° Certains organes se prêtent mieux que les autres à la greffe, tels, en premier lieu les maxillaires, ensuite l'intestin et les glandes (salivaires, lacrymale).

2° L'âge de l'embryon est capable quelquefois d'influencer le résultat de la greffe. C'est le cas de la greffe de l'intestin et des yeux.

3° L'âge de l'animal porte-greffe influence toujours la prise de la greffe.

4° Les femelles ne montrent pas une aptitude plus grande pour les greffes que les mâles.

5° Les tissus ou les organes, même très différenciés, greffés sont capables d'évoluer, de se développer et de proliférer. Ils donnent toujours des formations kystiques.

6° Enfin, la persistance de la greffe peut être de longue durée, peut dépasser un an : la limite d'ailleurs n'a pas été atteinte.

CHAPITRE II

RÉINOCULATIONS DES GREFFES EMBRYONNAIRES

I. — Historique

Après avoir étudié l'énergie de la prolifération de la cellule somatique, on tenta d'exalter cette énergie non seulement, ainsi que nous l'avons démontré précédemment, par des moyens mécaniques, physiques ou chimiques, mais aussi par les passages en séries des greffes obtenues. En 1907, Leo Loeb a transplanté l'épithélium adulte normal et dit avoir pu réaliser cinq passages. Il greffe la peau de l'oreille du cobaye, sur un autre cobaye, la première greffe ainsi pratiquée est enlevée après un à six jours et transportée sur un second cobaye. Le troisième passage ainsi que l'examen microscopique sont faits après trois à dix jours. Des intervalles de même durée séparent les passages ultérieurs. L'auteur conclut qu'après des passages répétés, le tissu épithélial se trouve affaibli. Une grande partie de l'épithélium est détruite mais quelques cellules restent vivantes et régénèrent. Entre les tissus nécrosés il y a ainsi des cellules qui se divisent par karyokinèse, même encore après le cinquième passage. La partie centrale de la peau se détruit tout d'abord ; les bords restent vivants ; et les parties transplantées avec une mince couche de tissu conjonctif se conservent surtout bien.

Cela tient vraisemblablement, dit l'auteur, à la facilité

plus grande avec laquelle les matières nutritives peuvent être transmises à l'épithélium transplanté. Leo Loeb n'a pas réussi à augmenter par les passages en séries la force d'accroissement de la cellule épithéliale. Mais, il démontre toutefois que pour certaines cellules somatiques, telles que la cellule épithéliale, la limite d'existence ne peut et ne doit être encore définitivement fixée.

Ultérieurement, PETROW (1908) aborde cette question importante de la réinoculation des greffes embryonnaires. L'auteur après avoir pratiqué les greffes de bouillie embryonnaire sur les souris, les lapins et les cobayes, les enlève pour faire les passages après 25, 29, 61 et 69 jours. Les greffes sont fragmentées et les petits morceaux sont réinoculés à un nouvel animal ou dans une autre région du corps du même animal. Quatre greffes sont ainsi transportées, chacune sur trois animaux. L'expérimentateur note un seul résultat positif. Dans ce cas, la greffe provenait du cobaye, était âgée de 69 jours et se trouvait réinoculée sous la peau de la face ventrale du même animal. Quatre mois après la réinoculation, la greffe présente un nodule du volume d'un pois (la durée de l'expérience est en tout de six mois et neuf jours). L'examen microscopique de la greffe montre des poils atrophiés, quelques foyers osseux bien conservés, un petit morceau de cartilage et un kyste revêtu par un tissu épithélial cylindrique. L'auteur croit que les résultats seraient meilleurs, s'il utilisait pour les réinoculations des greffes plus jeunes qui auraient moins d'os et se laisseraient mieux fragmenter. Vers la même époque (1909), TIEZENHAUZEN réalise les greffes d'embryon de poulet sur les poules adultes et dit avoir essayé sans succès les transplantations secondaires des greffes obtenues sur les poules adultes. Plus récemment KELLING 1911 fait des passages en séries de greffes obtenues sur les poules avec la bouillie de l'embryon du poulet. Il réinocule ces greffes à des animaux d'autre espèce (pigeons et chiens). Une tumeur cartilagineuse de la peau lui donne les meilleurs résultats. Elle est transplantée sur quatre à sept générations de pigeons, qui sont préalablement préparés par le sérum de poules. La durée d'existence totale de cette greffe est de 113 jours. En dehors du cartilage l'auteur dit obtenir sur deux générations, le passage d'un tissu glandulaire embryonnaire. Sa durée d'existence était de 75 jours. Les passages de la greffe de poules sur d'autres poules donnent des résultats négatifs, de même qu'une greffe de poules qui prolifère déjà depuis un certain temps sur des pigeons ne prend plus, transportée de nouveau sur des poules.

Nous avons cru utile, vu nos nombreuses greffes très variées, d'essayer de réaliser leurs passages sur plusieurs générations de rats.

II. — Technique

Les greffes qui nous ont servi pour les réinoculations ont été étudiées à d'autres points de vue dans le chapitre précédent. L'âge de la greffe destinée à être transplantée variait entre 30 jours et 97 jours.

La technique que nous avons suivie était la suivante : la greffe enlevée qui devait servir pour le passage était coupée en deux parties : une fût fixée pour son étude histologique, l'autre fût fragmentée en tout petits morceaux, que l'on réinocula sous la peau d'un rat. Après avoir ainsi pratiqué le deuxième passage, nous prélevions le fragment greffé à des intervalles de temps variant de 21 à 42 jours ; le troisième passage était fait suivant la même technique. 25 greffes différentes (bouillie d'embryon de rat, maxillaire, fémur, langue, tête d'embryon avec région sous-maxillaire) ont été ainsi transportées chacune sur un à trois animaux. Mais la plupart de ces greffes se sont presque immédiatement résorbées après le transport.

Sur le nombre total de 25 greffes transportées, nous pouvons noter 12 cas où les passages en séries des greffes embryonnaires ont donné les résultats suivants :

PREMIÈRE SÉRIE (Bouillie embryonnaire)

Première transplantation. — Un rat jeune, de taille moyenne, reçoit de la bouillie embryonnaire (embryon de 3 à 5 jours). Après 97 jours, on enlève une masse longue de 3 centimètres. La moitié de la greffe est fixée pour l'étude histologique (voir chapitre premier, greffe de la bouillie embryonnaire), l'autre est découpée en petits fragments qui sont ensuite inclus sous la peau de deux rats adultes de grande taille.

Deuxième transplantation. — Un animal est sacrifié, 3o jours après l'inoculation (le début de l'expérience remonte à 127 jours). Le fragment inoculé augmente de deux à trois fois son volume primitif. A l'examen microscopique on trouve du cartilage adulte caractérisé par des éléments globuleux entourés d'une capsule ; par endroit le cartilage se transforme en os. Quelques kystes sont présents, revêtus par un tissu épithélial pavimenteux. Le tissu interstitiel est formé par du tissu conjonctif très dense ; on y voit un globe épidermique, dont les cellules polyédriques sont nettement délimitées. On aperçoit encore les muscles lisses bien conservés.

Le deuxième rat est autopsié *après 37 jours* (134 jours après la première inoculation). A l'examen microscopique on constate la présence de kystes revêtus par un tissu épithélial cilié ; ils sont réunis entre eux par un tissu cellulaire formé d'éléments ronds et fusiformes. Entre les kystes se trouve une dent dont l'émail s'est conservé vivante. Le cartilage et l'os ont le mieux résisté. On observe une infiltration de la greffe par un tissu lymphoïde. De cette greffe la moitié a été coupée pour le troisième passage.

Troisième transplantation. — Elle est faite sur un rat femelle de taille moyenne. A l'autopsie après 37 jours (171 jours du début de l'expérience) on enlève un morceau long d'un centimètre. L'étude histologique montre que le cartilage seul est resté vivant. Un tissu conjonctif très épais s'infiltre partout, remplaçant le tissu embryonnaire disparu.

DEUXIÈME SÉRIE (Langue)

Première transplantation. — Un rat mâle, jeune, de petite taille, reçoit sous la peau, la langue. La greffe âgée de 3o jours est enlevée : sur une partie on fait les coupes en séries (voir chapitre premier, greffe de la langue). L'autre est découpée finement pour l'inclure sous la peau de deux rats mâles de taille moyenne.

Deuxième transplantation. — Un animal est sacrifié après 41 jours (71 jours du début de l'expérience). Microscopiquement on aperçoit des kystes revêtus d'un tissu épithélial mince. Le tissu qui les réunit est formé d'éléments ronds et fusiformes. Il est infiltré des polynucléaires. Chez le deuxième animal, après 6o jours, la greffe s'est complètement résorbée.

TROISIÈME SÉRIE (Maxillaires)

Première transplantation. — Un rat femelle, jeune, de taille moyenne, sert pour cette transplantation. On lui inocule sous la peau les maxillaires. Ils sont enlevés 35 jours après la greffe ; une partie est conservée pour l'étude histologique (voir chapitre premier, greffe de maxillaires, n° 8), l'autre est fragmentée et incluse sous la peau de deux rats mâles, jeunes, de taille moyenne.

Deuxième transplantation. — Un animal est sacrifié après 24 jours, l'autre après 42 jours.

1° Le volume du fragment enlevé est deux fois plus grand que le volume primitif. L'examen microscopique montre la structure suivante : entre les nombreux foyers cartilagineux et osseux se trouvent logés des débris de dents. L'émail en couche très épaisse est disposé autour de la pulpe. Les cellules qui sécrètent les tissus dentaires ont disparu. On aperçoit deux kystes revêtus par un tissu épithélial mince, dont les cellules sont disposées sur un seul rang. Le tissu qui réunit les kystes est d'aspect mésenchymateux.

2° Le deuxième rat est sacrifié après 42 jours (77 jours du début de l'expérience). A l'examen microscopique, il montre la même structure de la greffe que précédemment.

Une partie de cette greffe est seulement conservée pour l'examen microscopique, de l'autre on fait un passage nouveau sur deux rats mâles de taille moyenne.

Troisième transplantation. — Après 21 jours, les fragments ne se retrouvent plus, sont complètement résorbés.

QUATRIÈME SÉRIE (Région sous maxillaire)

Première transplantation. — Un rat femelle, jeune, de taille moyenne, reçoit sous la peau la région sous-maxillaire. L'âge de la greffe enlevée est de 37 jours. Après avoir découpé toute la greffe en petits morceaux on les inclut sous la peau d'un rat femelle de grande taille.

Deuxième transplantation. — L'animal est sacrifié après 34 jours (71 jours l'âge total de la greffe à ce moment). A l'examen microscopique on voit : un foyer cartilagineux, bien vivant, des poils atrophiés, du cartilage qui s'ossifie par place, et quelques globes épidermiques. Ces derniers sont infiltrés des polynucléaires ; les cellules géantes sont nombreuses.

CINQUIÈME SÉRIE (Maxillaires)

Première transplantation. — Sur un rat mâle, de grande taille, on a greffé des maxillaires (chapitre premier, greffe des maxillaires n° 3) : âge de la greffe : 44 jours. Le passage est fait sur deux rats mâles de taille moyenne.

Deuxième transplantation. — Un d'eux présente, après 44 jours, la résorption complète du fragment greffé. L'autre rat est sacrifié après 32 jours (76 jours du début de l'expérience). L'étude histologique du fragment enlevé montre du cartilage adulte, sérié, ossifié par endroits. La greffe est entourée d'une calotte épaisse de tissu conjonctif.

Troisième transplantation. — Une partie de cette greffe réinoculée sur un rat mâle de taille moyenne, reste sans résultat positif.

SIXIÈME SÉRIE (Région sous-maxillaire)

Première transplantation. — Un rat mâle, jeune, de taille moyenne, reçoit la région sous-maxillaire d'un embryon de rat. La greffe est enlevée après 60 jours. Elle est réduite en petits morceaux et transportée sur un rat mâle de petite taille.

Deuxième transplantation. — L'animal est sacrifié 30 jours après la greffe (90 jours après le début de l'expérience). On enlève un petit morceau d'un centimètre et demi qui montre à l'étude histologique de nombreux nodules cartilagineux. Les cellules cartilagineuses se divisent activement, il y en a qui sont globuleuses. Le tissu interstitiel est formé d'un tissu conjonctif jeune aux éléments étoilés.

SEPTIÈME SÉRIE (Maxillaires)

Première transplantation. — Un rat mâle, de taille moyenne. Les maxillaires ont servi pour la greffe. Celle-ci est enlevée après 30 jours (voir le chapitre premier, greffe de maxillaires n° 2), dont une moitié est conservée pour l'étude histologique et l'autre sert pour le passage sur deux rats mâles de taille moyenne.

Deuxième transplantation. — Le premier rat est autopsié 42 jours après la réinoculation. Le fragment greffé a augmenté de volume. Son examen microscopique montre du cartilage conservé vivant, avec des cellules très hypertrophiées et une dent complètement formée : autour de la pulpe vivante, les odontoblastes se sont conservés sur un seul rang et ont envoyé des prolongements dans l'ivoire sous-jacent.

L'émail forme une couche épaisse. On aperçoit aussi un kyste revêtu de tissu épithélial cilié et un nodule épithélial. Sur le deuxième rat, la greffe s'est complètement résorbée au bout de 42 jours d'existence.

Troisième passage. — Il n'a pas réussi.

HUITIÈME SÉRIE (Fémur)

Première transplantation. — Un rat femelle, jeune, de taille moyenne, reçoit sous la peau un fémur. Après 60 jours on enlève la greffe. Une moitié de cette greffe est fixée pour l'étude histologique (voir chapitre premier, greffe de fémur), de l'autre on pratique le passage sur deux rats mâles jeunes de taille moyenne.

Deuxième transplantation. — À l'autopsie, après 35 jours (95 jours du début de l'expérience), on enlève un morceau long de 1 cm. 5 et large de 1 centimètre. À l'examen microscopique on voit des poils atrophiés, du cartilage qui présente une couche hyaline, une couche de cellules cartilagineuses sériées et une zone d'ossification régulière.

Le deuxième rat est autopsié après 42 jours (102 jours du début de l'expérience). L'étude histologique nous apprend que du cartilage il ne reste qu'un petit nodule ; les cellules cartilagineuses sont globuleuses, leurs noyaux sont à peine visibles. Les travées osseuses sont en très grand nombre et à côté de l'os on voit des muscles striés, bien conservés. Les poils sont atrophiés, les cellules géantes sont en grand nombre.

NEUVIÈME SÉRIE (Maxillaires)

Première transplantation. — Un rat mâle, de taille moyenne, reçoit sous la peau des maxillaires que l'on enlève 44 jours après la greffe (chapitre premier, greffe des maxillaires n° 9). Le passage est fait sur un rat femelle de taille moyenne.

Deuxième transplantation. — L'animal est sacrifié après 30 jours. On enlève un tout petit nodule qui montre à l'examen microscopique du cartilage vivant. Quelques cellules géantes sont visibles.

DIXIÈME SÉRIE (Tête et région sous-maxillaire)

Première transplantation. — Un rat mâle de taille moyenne reçoit sous la peau une tête avec la région maxillaire. Après 30 jours, la greffe est enlevée et le passage du morceau entier est fait sur deux femelles de taille moyenne.

Deuxième transplantation. — On sacrifie le premier animal

3o jours après l'inoculation. On enlève un petit morceau qui montre à l'étude histologique un tissu cellulaire formé de petits éléments ronds et qu'occupe toute l'épaisseur du morceau. Dans ce tissu se trouve un petit îlot osseux entouré de nombreuses cellules géantes. Sur le deuxième animal la greffe s'est résorbée.

Troisième passage. — Il est pratiqué sur un rat mâle de taille moyenne. L'animal est sacrifié après 3o jours (9o jours du début de l'expérience). L'examen histologique montre le même aspect que chez l'animal précédent, porteur du deuxième passage. Il y en a, en plus, ici : des poils atrophiés et deux nodules épithéliaux. Le tissu conjonctif pousse abondamment, s'infiltrant dans le tissu cellulaire.

ONZIÈME SÉRIE (Langue)

Première transplantation. — Un rat mâle, de taille moyenne, reçoit sous la peau, une langue ; on l'enlève 3o jours après. Une moitié est conservée pour l'étude histologique (voir chapitre premier, greffe de la langue).

La réinoculation est faite sur deux rats mâles de grande taille.

Deuxième transplantation. — L'un des animaux est sacrifié après 21 jours. A l'examen microscopique, on ne voit qu'un tissu cellulaire formé d'éléments ronds. Il occupe toute l'épaisseur du morceau enlevé.

Le second animal est autopsié après 3o jours et l'étude histologique montre du tissu musculaire bien conservé. Dans le tissu conjonctif, très épais, se trouvent des nodules cartilagineux ossifiés en partie.

Troisième passage. — On fait passer la dernière greffe sur un rat mâle de taille moyenne. L'animal est sacrifié après 19 jours (79 jours du début de l'expérience). L'étude histologique montre un cartilage très altéré, les cellules cartilagineuses apparaissent comme de petites cavités vides, où on voit des noyaux désagrégés.

DOUZIÈME SÉRIE (Tête avec la région sous maxillaire)

Première transplantation. — Un rat mâle, de taille moyenne, reçoit sous la peau une tête avec la région sous-maxillaire d'un embryon de rat. La greffe est enlevée après 4o jours. Une moitié est fixée pour l'étude histologique (voir chapitre premier, glandes salivaires non isolées) et on réinocule l'autre, à un rat mâle de taille moyenne que l'on sacrifie après 21 jours.

Deuxième passage. — L'examen microscopique montre tous les tissus en voie de nécrose, les cellules géantes sont nombreuses. L'os et le cartilage persistent encore, ce dernier déjà gravement altéré, pré-

sente par place des champs uniformes reconnaissables pour du cartilage par ses cavités vides.

Troisième passage. — Une moitié de cette greffe, dont nous venons
de donner la description, est fragmentée et incluse sous la peau d'un
rat mâle, jeune, de taille moyenne. L'animal est sacrifié 30 jours après
l'inoculation (91 jours du début de l'expérience) L'étude histologique
montre la structure suivante : dans un tissu cellulaire formé d'éléments ronds, se trouvent de nombreux nodules cartilagineux, dont les
cellules volumineuses présentent un noyau bien distinct. Ailleurs,
dans la coupe, le cartilage est transformé en os. Dans un endroit de
la coupe, on voit s'infiltrer dans le tissu cellulaire formé d'éléments
ronds, un autre tissu d'aspect tout différent : il est constitué par des
éléments ovoïdes à grands noyaux très clairs, autour desquels se
trouve une capsule foncée de protoplasma. Certains de ces éléments
sont étirés à un seul pôle ou aux deux pôles et rappellent absolument
les éléments nerveux. Quelques-unes de ces cellules se divisent par
clivage.

III. — Résumé

Sur 25 greffes embryonnaires que nous avons transportées,
12 ont pu être réimplantées chacune deux à trois fois. Il
résulte de nos recherches microscopiques les considérations
suivantes : d'une manière générale, les greffes transportées
sur un deuxième animal peuvent se conserver mais augmentent peu de volume. Avec le troisième passage on observe déjà
un processus intense de résorption. Parmi les tissus réim-
plantés, ceux qui persistent le mieux sont le cartilage, l'os et
l'épithélium. Le premier peut se conserver parfaitement vivant,
même après le troisième passage. La plus longue persistance
a été observée pour un fragment provenant d'une greffe
âgée de 97 jours, qui était formée, au début, par de la bouillie
d'embryon très jeune. Ce fragment a subi trois passages,
successivement sur quatre animaux. Après le troisième passage, la greffe était âgée de 171 jours (du début de l'expérience).

Nous n'avons pas suffisamment étudié les réinoculations
des tissus embryonnaires pour en pouvoir tirer une conclusion précise.

Il se peut que les résultats eussent été meilleurs si nous

avions employé pour les réimplantations, uniquement les greffes d'un certain âge, où les tissus embryonnaires, ayant bien pris sur l'animal hôte, sont en voie de prolifération et d'évolution. De telles greffes pourraient subir peut-être, avec succès, un nouveau transport. Il faudrait, peut-être, aussi, tenir compte de ce que les rats porte-greffe, qui servent pour les passages nouveaux, devraient être de la même taille que ceux qui ont servi pour la greffe initiale.

Il est possible, d'autre part, que les différences individuelles entre les rats empêchent la prise de la cellule greffée réinoculée.

Toutes ces données, que nous n'avons pas pu vérifier, peuvent en partie expliquer les faibles résultats que nous ont donnés les réinoculations de greffes embryonnaires.

CHAPITRE III

VACCINATION DES RATS PAR LE TISSU EMBRYONNAIRE. — IMMUNITÉ QUI EN RÉSULTE

I. — Historique

Dans la seconde moitié du xixᵉ siècle, le problème de l'immunité occupe de nombreux auteurs. C'est également vers cette époque qu'on étudie activement la biologie des tumeurs et surtout leur étiologie et leur thérapeutique. On voit ainsi se succéder les nombreuses recherches de Dagonet, Morau, L. Loeb, Jensen, Borrel, Ehrlich, Apolant, Gaylord, Clowes, Baeslack, Bashford, Haaland, Sticker, Michaelis, von Dungern, Lewin, Schöne et d'autres sur la possibilité de transplanter les tumeurs, et c'est JENSEN le premier qui, au cours de ses expériences, note le pourcentage pour les résultats des transplantations. La conception de l'immunité naturelle et acquise prend jour à la suite de cette observation. Elle ouvre une nouvelle voie à de nombreuses expériences. On essaie expérimentalement, par divers moyens, de rendre réfractaires les souris et les rats à la greffe des tumeurs. Les animaux sont immunisés tantôt avec la tumeur homologue ou hétérologue (recherches de JENSEN, GAYLORD, CLOWES, BAESLACK, EHRLICH, LEWIN, BASHFORD HAALAND, BORREL et BRIDRÉ, SCHÖNE, etc.), tantôt avec le sang des animaux normaux (BASHFORD, MURRAY, CRAMER, LEWIN, FLEXNER et JOBLING), ou avec des tissus adultes déterminés tels que le foie, la rate, le cerveau MICHAELIS,

Woglom, Borrel et Bridré. Apolant, Lewin et Meidner), ou encore par le tissu embryonnaire (Schöne, Bashford, Murray et Haaland, Woglom).

De toutes ces expériences on a conclu que les souris et les rats se trouvent immunisés contre les tumeurs, lorsque la tumeur préalablement inoculée s'est résorbée, ou lorsqu'ils sont vaccinés par des injections de la tumeur du tissu normal ou du tissu embryonnaire. L'immunisation cellulaire conférée à des animaux contre les tissus néoplasiques suggéra à quelques auteurs l'idée d'en emprunter la méthode pour faire une étude complète sur la greffe du tissu embryonnaire, l'immunité et la greffe n'étant que les termes connexes du même problème ainsi que l'a dit Fischera qui essaya le premier (en 1909), par le procédé des greffes en série, de rendre réfractaires les rats à la greffe des tissus embryonnaires. Sa méthode consistait en ceci : après la résorption de la première greffe pratiquée, le même rat recevait une nouvelle greffe et ainsi de suite. L'auteur pratiqua ainsi cinq greffes successives sur le même animal. L'intervalle de temps nécessaire pour l'involution des greffes en série devenait de plus en plus court : pour pratiquer la deuxième greffe il fallait six mois, pour faire la cinquième greffe, il a été nécessaire d'attendre vingt jours seulement. L'étude histologique de ces greffes successives a montré la disparition rapide des dernières greffes ; elles présentent en quelques jours les mêmes phénomènes de résorption que la première greffe ne montrait qu'après six mois. L'auteur conclut qu'il est possible, par le procédé des greffes en série, de conférer aux rats l'immunisation active contre la prise des tissus embryonnaires.

Freund, en 1911, au cours de ses recherches sur les formations tératoïdales réalisées sur les rats par la greffe de la bouillie d'embryon, constata qu'après une seule injection sous-cutanée d'émulsion d'embryon, injection dont le résultat reste négatif, l'immunité n'est pas conférée au rat. Le même animal se montre réceptif à l'inoculation ultérieure intrapéritonéale.

En 1912, G. Schöne fit des expériences dans le même ordre d'idée. Il essaya de montrer qu'il est possible de rendre résistants les animaux contre la greffe des tissus normaux et adultes. L'auteur fait ses recherches sur les lapins. 24 jours après l'injection intrapéritonéale de la peau d'embryon, il échange, entre les lapins injectés et leurs témoins, des lambeaux de peau prélevés sur les oreilles. Il constata que, sur les animaux injectés, la peau transplantée se résorbe beaucoup plus vite que sur les témoins non injectés. D'autre part, la peau transplantée sur les lapins injectés avec de la bouillie de rein ou de foie embryonnaires, résiste plus longtemps. Schöne dans ses conclusions rapproche l'immunité conférée à des animaux contre la greffe de tissus normaux de celle acquise contre les tumeurs.

II. — Technique

Dans nos recherches, nous essayâmes de rendre réfractaires les rats à la greffe des tissus embryonnaires en les vaccinant par des injections répétées d'une macération de la bouillie d'embryon ou par l'émulsion d'un tissu déterminé embryonnaire ou adulte. Nous préparons la matière vaccinante de la façon suivante :

Les embryons entiers ou des tissus donnés devant servir pour l'injection, sont finement découpés et broyés ensuite longuement à l'aide de perles. Les tissus sont ainsi réduits en une pulpe que l'on délaye dans un peu d'eau physiologique. Cette eau est décantée ensuite avec les débris cellulaires et c'est ce liquide qui nous sert de vaccin. Toutes les manipulations sont faites dans des conditions rigoureuses d'asepsie. Les injections sont faites sous la peau avec une seringue en verre, facile à stériliser. Elles sont répétées pour chaque animal trois fois à des intervalles variant de 10 à 12 jours.

Nous tenons à remarquer ici que les injections de tissus embryonnaires découpés, broyés et même macérés dans de l'eau distillée donnaient souvent encore des résultats positifs. La bouillie embryonnaire injectée formait parfois des nodules capables de persister des mois entiers. A l'examen histologique ces nodules étaient constitués par du cartilage. Suivant la technique décrite ci-dessus, nous avons vacciné 30 rats mâles de grande ou moyenne taille, et 31 rats de même taille nous ont servis de témoins. La matière vaccinante pour les diverses séries que nous avons pratiquées était faite avec :

1° Du broyage d'embryons entiers ;

2° Des parties molles d'embryon (le cartilage est surtout évité) ;

3° Des organes internes de l'embryon ;

4° De l'intestin embryonnaire ;

5° De la rate adulte.

Les embryons dont les tissus devaient servir pour la vaccination étaient jeunes ; leurs poids variaient entre 1 et 3 grammes.

Après la troisième et dernière injection du vaccin, nous laissons s'écouler 8 à 17 jours et pratiquons ensuite sur chacun des 30 rats la transplantation d'organes tels que les maxillaires, le fémur, l'intestin.

La technique alors était la même que pour la greffe en général, technique que nous avons décrite dans le premier chapitre. Chaque fois nous avons pratiqué les greffes correspondantes sur des rats-témoins (non vaccinés), afin de nous assurer de l'activité de la matière embryonnaire employée.

Nous donnons ci-dessous les résultats de nos expériences :

PREMILRE SÉRIE (Vaccination avec le broyage d'embryons entiers)

Neuf rats mâles, de grande taille, sont vaccinés avec le broyage d'embryons entiers de rat (poids de l'embryon : 1 gr.5). Les rats reçoivent sous la peau alternativement à l'aisselle droite et l'aisselle gauche, trois injections de 1 cm. 5 d'émulsion des embryons entiers à des intervalles de 10 jours.

Huit jours après le dernier vaccin, 6 rats reçoivent la greffe de maxillaires découpés et 3 rats la greffe de fémurs découpés. Poids de l'embryon : 1 gr. 5. La même matière embryonnaire est inoculée aux 9 rats témoins. 21 jours après avoir pratiqué la greffe, nous constatons ce qui suit :

Nombre des rats vaccinés . . 9   Témoins 9
Résultats positifs 3   Résultats positifs . . 9

Ainsi, des 9 rats vaccinés, 6 se montrent réfractaires à la greffe du tissu embryonnaire et sur 3 la greffe semble avoir pris. L'étude histologique de ces greffes embryonnaires sur les rats vaccinés, comparativement aux témoins, montre que sur les animaux vaccinés la greffe est en voie de disparition. L'infiltration leucocytaire est très grande ; les cellules géantes sont présentes ; le cartilage est altéré ; il ne présente qu'un champ uniforme semé de petites cavités ; les autres tissus dégénèrent ou sont en voie de nécrose. La structure générale de cette greffe annonce sa résorption totale à bref délai.

DEUXIÈME SÉRIE (Vaccination avec la rate normale)

Cinq rats mâles, de taille moyenne, reçoivent trois injections de macération faite avec de la rate normale adulte. L'intervalle de temps séparant les injections est de 12 jours.

Dix jours après le dernier vaccin, on pratique la greffe des maxillaires embryonnaires (Poids de l'embryon : 3 grammes). 21 jours après la greffe, on note les résultats suivants :

Nombre des rats vaccinés. . 5   Témoins 4
Résultats positifs 2   Résultats positifs . . 3

On sacrifie un des deux rats vaccinés qui ont donné un résultat positif. A l'autopsie on enlève la greffe qui paraît en mauvais état ; elle est petite et entourée d'une zone noire, pigmentée. L'examen microscopique comparatif avec celui de la greffe normale sur le témoin, non vacciné, nous montre que le tissu embryonnaire greffé sur le rat vacciné est en voie de résorption, les cellules géantes sont très nombreuses. Même aspect que précédemment. Sur le deuxième rat vacciné, le nodule gros comme un pois persiste jusqu'au trentième jour et se résorbe ensuite.

TROISIÈME SÉRIE (Vaccination avec les parties non résistantes d'embryon du rat)

Dix rats mâles, de taille moyenne, sont vaccinés avec le broyage des parties non résistantes d'embryon du rat. Le cartilage est éliminé, autant que possible, c'est la partie moyenne du corps de l'embryon (thorax) qui est réduite en bouillie. Trois injections sont faites à des intervalles de 12 jours. Quatorze jours après le troisième vaccin, 7 rats reçoivent sous la peau la greffe de maxillaires embryonnaires (poids de l'embryon 2 gr. 5) ; 3 rats reçoivent la greffe de l'intestin (poids de l'embryon : 2 gr. 5).

Voici les résultats après 18 jours :

Nombre de rats vaccinés.	10	Témoins	9
Résultat positif	0	Résultats positifs	7

QUATRIÈME SÉRIE (Vaccination avec la masse péritonéale)

Trois rats mâles, de grande taille. La matière vaccinante se compose du broyage fait avec de la masse péritonéale de l'embryon du rat (poids de l'embryon : 3 grammes). Le liquide vaccinant est injecté trois fois sous la peau à des intervalles de 12 jours. Le dernier vaccin fait 17 jours après, les rats reçoivent la greffe de l'intestin embryonnaire (poids de l'embryon : 2 gr. 5). 15 jours après la greffe on note :

Nombre de rats vaccinés.	3	Témoins	5
Résultat positif	0	Résultats positifs	3

CINQUIÈME SÉRIE (Vaccination avec les intestins embryonnaires)

Trois rats mâles de taille moyenne. Le vaccin est constitué par la macération faite avec des intestins embryonnaires (poids de l'embryon 3 gr. 5. On pratique trois injections à des intervalles de 12 jours. 15 jours après le dernier vaccin, les rats reçoivent la greffe de l'intestin embryonnaire (poids de l'embryon : 2 grammes).

On constate 17 jours après la greffe :

Nombre de rats vaccinés.	3	Témoins	4
Résultat positif.	0	Résultats positifs	3

Ainsi, sur 30 rats vaccinés, 25 se sont montrés réfractaires à la greffe du tissu embryonnaire. Un à deux mois après l'établissement de leur immunisation, nous avons inoculé aux dix mêmes rats, vaccinés avec le tissu embryonnaire, de la tumeur de Flexner propre à cette espèce animale. Sur aucun la tumeur n'a pris. Huit témoins non vaccinés et inoculés avec la même tumeur ont donné cinq greffes.

D'autre part, nous avons vacciné une série de dix rats mâles de taille moyenne avec la bouillie de tissu néoplasique. La technique était la même que pour la vaccination avec les tissus embryonnaires. La tumeur de Flexner broyée est injectée à trois reprises à des intervalles de 12 à 15 jours. quinze jours après le troisième vaccin, les 10 rats reçoivent : à l'aisselle droite, la greffe de tissu embryonnaire (des maxillaires), à l'aisselle gauche la tumeur de Flexner.

Les résultats, 20 jours après la greffe, étaient les suivants :

Nombre des rats vaccinés.	10	Témoins (rats non vaccinés).	10
Résultat positif. . . .	0	Résultats positifs	8

III. Résumé

Il résulte de nos expériences qu'il est possible par le procédé de vaccination à l'aide de tissus adultes, embryonnaire ou néoplasique, de conférer aux rats l'immunité contre la greffe des tissus embryonnaires. Les mêmes rats se montrent ensuite réfractaires à la greffe des tissus néoplasiques (tumeur de Flexner).

CHAPITRE IV

GREFFES MIXTES CONSTITUÉES PAR LE MÉLANGE DE LA TUMEUR DU RAT AVEC LES TISSUS EMBRYONNAIRES DE LA MÊME ESPÈCE.

I. — Historique

Avec les premiers essais sur la transplantation des tumeurs (PEYRILHE, 1774), l'étude de l'étiologie de celles-ci s'engage dans la voie expérimentale. Les recherches sur la greffe des tissus normaux et embryonnaires ont conduit de nombreux auteurs à apporter leur contribution à l'étude de la genèse des tumeurs. Ils ont étudié comparativement la biologie de la cellule normale et de la cellule néoplasique, leurs conditions analogues de transplantation et d'adaptation au nouvel hôte. Le problème des tumeurs est devenu un problème de tissus (Gewebsproblem des auteurs allemands). Il en est résulté une variété d'expériences portant toutes sur les essais de production de tumeurs malignes.

Dans notre chapitre d'historique, au début de ce travail, nous avons vu les résultats qu'ont donné certains de ces essais, ayant pour point de départ : la greffe du tissu embryonnaire. Une innovation expérimentale très intéressante dans le même ordre d'idées fût apportée récemment par PEYTON ROUS (1911) et JAMES B. MURPHY (1912). Ces auteurs étudient les relations des cellules embryonnaires avec les cellules des tumeurs.

Peyton Rous injecte un mélange à parties égales de cellules d'embryons de souris avec les cellules cancéreuses de souris. L'auteur dit avoir constaté le plus souvent la prédominance de l'un de ces tissus. Pour obtenir un développement égal des éléments néoplasiques et embryonnaires, il faut se servir d'une tumeur à évolution lente. Dans le cas où les deux tissus se développent avec la même intensité, les cellules cancéreuses dissocient les cellules du tissu épithélial pavimenteux et s'intriquent de façon qu'on pourrait croire que les cellules d'un type se sont transformées dans celles d'un autre.

En 1911, James B. Murphy et Peyton Rous inoculent le sarcome spontané d'une poule, décrit par P. Rous, à des œufs parvenus au septième ou au huitième jour de l'incubation. Les tumeurs qui se développent sur l'embryon ont la même structure que celles greffées sur l'adulte. Les auteurs injectent ainsi avec succès le tissu d'un extrait de sarcome desséché ou filtrée sur la bougie Berkefeld. Ils arrivent à la conclusion que l'embryon est relativement plus sensible aux inoculations que l'animal adulte.

Récemment (1913) James Murphy a greffé un sarcome de rat sur des embryons de poulet et il a obtenu des masses qu'il a cultivé pendant 46 jours, d'embryon à embryon. Dans un cas cette greffe de sarcome, sur les œufs, reportée sur un nouvel embryon de poulet a pu être maintenue sur un embryon pendant quatre à six mois. La même tumeur de rat ne prend pas sur la poule adulte.

Il n'existe pas, à notre connaissance, dans la littérature d'étude sur l'action de la tumeur introduite dans les greffes embryonnaires, cette étude pouvait être intéressante tant au point de vue de la constatation des faits que de l'interprétation des greffes embryonnaires ainsi altérées dans leur développement. Elle pouvait aussi être susceptible de jeter une lumière nouvelle sur la biologie générale des tissus et plus particulièrement sur l'étiologie des tumeurs. Pour aborder cette étude nous avons fait trois séries d'expériences. Dans la première série, des fragments de la tumeur du rat (type Flexner) sont mis *au contact* d'une greffe de tissu d'embryon du rat. Dans la deuxième série, les tissus divers de l'embryon du rat, avant la greffe, sont *trempés* dans les filtrats de la tumeur du type Flexner. Dans la troisième série, *les filtrats de la tumeur* du rat sont *injectés* dans les greffes d'organes divers de l'embryon du rat.

Les filtrats de la tumeur du rat étaient de trois sortes : le filtrat sur papier blanc ordinaire == filtrat simple n° 1, le filtrat centrifugé = filtrat n° 2, le filtrat sur la bougie poreuse == filtrat n° 3.

II. — Technique

Notre technique était la suivante :

La tumeur (un sarcome de rat décrit par Flexner et formé d'éléments fusiformes et polyédriques) que nous avons cultivée au laboratoire, est découpée très finement et broyée à l'aide de perles stérilisées. La tumeur du rat est ensuite reprise par 10 à 20 centimètres cubes d'eau physiologique stérilisée. On décante le jus surnageant sur les perles, et on le filtre sur du papier. Nous réalisons ainsi *notre filtrat simple n° 1*. Le flacon avec l'entonnoir et le filtre sont préalablement flambés au four de Pasteur.

Une partie de ce premier filtrat est *centrifugée* pendant 10 à 15 minutes. Le liquide surnageant constitue *le filtrat n° 2* et le culot de centrifugation est inoculé à des rats, témoins de l'expérience. On vérifie au microscope le culot de centrifugation ; cet examen montre quelques globules sanguines qui ont passé par le papier blanc à filtrer.

Enfin, *le filtrat n° 3* est reçu sur une bougie poreuse n° 1, perméable à tous les microbes connus. Toutes nos manipulations ont été exécutées dans des conditions d'asepsie rigoureuse.

Pour pratiquer les injections des filtrats ainsi obtenus, dans des greffes embryonnaires, nous préparons d'avance les animaux porte-greffe. La peau recouvrant la greffe est épilée à l'aide du rasoir et lavée quatre à cinq fois au sublimé, ou aseptisée par la teinture d'iode. Nous remarquerons ici de suite, que nous avons abandonné ce dernier procédé d'aseptisation, car les greffes semblaient se résorber presque immédiatement après l'emploi de l'iode.

Au moment de l'injection, la greffe que l'on peut faire rouler sous la main, est prise entre deux doigts ; on fait pénétrer l'aiguille de la seringue, contenant le filtrat, dans la masse même constituée par la greffe de tissu embryonnaire. Le liquide est poussé très lentement. Sa quantité varie entre 1 et 2 centimètres cubes et l'injection est pratiquée une à trois fois, dans la même greffe embryonnaire, à des intervalles de temps variant de 21 jours à 30 jours. Les greffes embryonnaires qui nous ont servi pour les injections des filtrats ou les inoculations en contact avec la tumeur du rat ont été pratiquées d'après la technique décrite à propos de la greffe en général dans le premier chapitre.

Ces greffes étaient formées par les organes divers d'embryon du rat : la tête avec la région sous-maxillaire, les maxillaires, le fémur, la langue, l'estomac, l'intestin.

Au moment de l'expérience, les greffes utilisées étaient âgées de 6 à 135 jours.

La technique histologique est la même que pour les greffes normales, étudiées dans le premier chapitre de ce travail.

PREMIÈRE SÉRIE (Action de fragments de la tumeur du rat mis au contact de greffes embryonnaires)

D'après la technique décrite précédemment, la peau de rats porteurs de greffes embryonnaires, est épilée et lavée au sublimé. La tumeur du rat (type Flexner) est ensuite découpée en petits fragments. A l'aide d'un trocart, on introduit ces fragments sous la peau de rats de façon à les mettre en contact avec les greffes de tissu embryonnaire.

Nous avons pratiqué, chaque fois, à titre de témoin, des passages de la tumeur employée, afin de s'assurer de l'activité de la matière employée.

Voici le résumé de nos expériences, pratiquées sur dix rats.

1° Quatre rats reçoivent la greffe de la tête de l'embryon du rat (poids de l'embryon : 2 grammes) qui était trempée préalablement dans le filtrat n° 1 de la tumeur. La greffe étant âgée de 21 jours, les quatre rats sont inoculés avec de la tumeur (type Flexner) dont les petits fragments sont mis en rapport immédiat avec les greffes embryonnaires. Les animaux sont sacrifiés après 21 ou 3o jours. A l'autopsie, on enlève des masses volumineuses (2 à 4 centimètres de longueur sur 1 à 2 centimètres de largeur) où macroscopiquement on peut distinguer de petits nodules de tissu embryonnaire accolés à la tumeur qui est très développée. Microscopiquement, dans un des cas après 21 jours, on constate la structure suivante ; le fragment de la tumeur Flexner mis en contact avec la greffe embryonnaire s'en trouve séparé par une large bande de tissu conjonctif. La tumeur est bien développée et occupe une grande partie de la coupe. La partie embryonnaire parfaitement isolée de la tumeur montre, allant de la périphérie vers le centre, l'aspect suivant : une capsule épaisse de tissu conjonctif entoure les restes des tissus embryonnaires ; le cartilage, l'os et quelques globes épidermiques, au centre du nodule embryonnaire persistant, on voit une imbrication intime des cellules néoplasiques avec les cellules de tissus embryonnaires. La tumeur que nous avons mise en contact de la greffe étant nettement délimitée du tissu embryonnaire greffé, nous croyons intéressant de rappeler que le tissu embryonnaire, avant qu'il ait été greffé, a été trempé dans le jus cancéreux (filtrat n° 1). On doit, probablement, attribuer à ce dernier la présence des cellules néoplasiques au centre du nodule embryonnaire.

A l'autopsie d'un rat suivant, après 3o jours, nous notons encore la présence du tissu embryonnaire figuré par des nodules cartilagineux qui sont accolés à la tumeur, sans toujours se mélanger au tissu embryonnaire persistant. Le nodule embryonnaire très réduit ne montre pas de tumeur comme dans le cas précédent.

L'examen microscopique des masses enlevées chez les deux rats restants ne montre que la tumeur Flexner, qui l'emporta ainsi définitivement sur le tissu embryonnaire. Ce dernier est étouffé par le développement du tissu néoplasique.

2° Trois rats porteurs d'une greffe d'intestin embryonnaire âgée de 18 à 21 jours. Dix jours après l'inoculation des fragments de la tumeur du type Flexner, on voit la greffe de l'intestin se résorber et disparaître complètement. La greffe de la tumeur reste négative.

3° Trois rats porteurs d'une greffe des maxillaires d'embryon du rat. La greffe est âgée, au moment de l'expérience, de 18 jours. Après avoir introduit la tumeur de Flexner au contact de la greffe embryonnaire, nous constatons, huit jours plus tard, la résorption totale de deux de ces greffes ; la troisième persiste sans que son volume augmente. A l'autopsie, après 5o jours (l'âge de la greffe du début de l'expérience est de 68 jours) on enlève un petit morceau, dont l'examen microscopique montre le tissu embryonnaire en voie de nécrose.

Ces rats, dont les greffes embryonnaires se sont résorbées à la suite d'inoculation de la tumeur, nous apprennent, par contre, que celle-ci ne se développe pas.

Ainsi *en résumé*, l'inoculation du fragment de la tumeur *au contact* de greffes embryonnaires a produit : d'une part, la résorption immédiate des tissus embryonnaires et par le fait même a rendu réfractaires les animaux porteurs de greffes au développement de la tumeur inoculée ; d'autre part, dans le cas positif, la tumeur inoculée a étouffé le développement du tissu embryonnaire l'emportant sur ce dernier.

Dans les deuxième et troisième séries de nos expériences, nous nous sommes servis du *filtrat* de la même tumeur Flexner.

DEUXIÉME SÉRIE (Greffe du tissu embryonnaire trempé dans les filtrats de la tumeur)

Pour tremper les fragments de tissu embryonnaire dans les filtrats de la tumeur Flexner, nous avons préparé les filtrats nº 1, nº 2, nº 3, d'après la technique décrite précédemment.

Les organes d'embryon du rat (les maxillaires, la tête) qui devaient servir pour l'expérience, sont prélevés par un mode identique à celui que nous avons employé pour la greffe normale (chapitre premier) et découpés en petits morceaux. Ils sont mis ensuite dans les filtrats préparés et y séjournent de cinq à dix minutes environ. Après avoir retiré les fragments embryonnaires du jus de la tumeur nous les introduisons immédiatement sous la peau du rat adulte. Nous avons pratiqué ainsi dix-sept greffes de tissu embryonnaire trempé dans le filtrat nº 1, nº 2 et nº 3. Vingt rats nous ont servi de témoins dont : quatre reçoivent la greffe normale — sans filtrat — du même tissu embryonnaire ; sept sont inoculés avec le culot de centrifugation du premier filtrat de la tumeur : sur les neuf autres rats nous avons fait le passage de la tumeur qui nous a servi pour préparer les filtrats.

Après avoir fait la greffe, nous sacrifions les animaux à des intervalles de temps variant de 7 à 44 jours.

Nos expériences peuvent être groupées de la façon suivante :

a) *Greffe des organes embryonnaires trempés dans le filtrat n° 1 (filtrat sur le papier blanc)*

1° *Maxillaires*. — L'expérience porte sur dix rats, mâles et femelles de taille moyenne. L'embryon dont les maxillaires devaient servir à la greffe pesait de 2 gr. 5 à 5 gr. 5. Les fragments découpés de maxillaires trempaient dans le filtrat simple pendant cinq minutes. Après avoir pratiqué la greffe les animaux étaient sacrifiés à des intervalles de temps variant de 7 à 42 jours.

N° 1. — Un rat mâle, de taille moyenne, est sacrifié 7 jours après l'inoculation (poids de l'embryon : 5 grammes). A l'autopsie, on enlève une masse volumineuse de 2 centimètres de longueur sur 1 cm. 5 de largeur. Du pus s'échappe du centre de la greffe. La moitié de la greffe enlevée est fixée pour l'examen microscopique, l'autre moitié sert pour le passage sur de nouveaux rats. L'étude histologique a donné les résultats suivants : à la périphérie, un tissu jeune d'aspect sarcomateux, formé d'éléments fusiformes, constitue une large calotte autour du tissu embryonnaire. Celui-ci présente un cartilage d'aspect normal, tandis que les cellules superficielles appartenant à un tissu épithélial stratifié du type pavimenteux se transforment. Elles deviennent rameuses (triangulaires) ; autour des noyaux fortement colorés est visible une capsule constituée par une zone foncée de protoplasma.

Le deuxième passage pratiqué par une moitié de cette greffe sur quatre rats mâles, de taille moyenne, montre dans un de cas, après 21 jours, la persistance à la périphérie de ce tissu jeune formé d'éléments fusiformes. Ce tissu nouveau englobe des restes de tissu embryonnaire : cartilage, os. Chez le second rat après 30 jours, on ne trouve plus de tissu embryonnaire, le tissu occupant la périphérie dans la coupe précédente occupe ici toute l'épaisseur de la greffe. Le passage fait sur les deux autres rats reste négatif.

Le troisième passage du dernier fragment (prélevé après 30 jours) sur un rat mâle, de taille moyenne, montre après 21 jours le centre nécrosé complètement et une capsule de tissu vivant formé d'éléments fusiformes et ronds. Des cellules géantes nombreuses.

N° 2. — Un rat femelle, de grande taille. Après avoir pratiqué sur cet animal la greffe des maxillaires trempés dans le filtrat n° 1, on le sacrifie 21 jours après. (Poids de l'embryon : 2 gr. 5). A l'autopsie, on détache de la peau du rat un morceau long de 3 centimètres et large de 2 centimètres. Sa structure est la même que précédemment, lors du troisième passage. Le centre est nécrosé ; rien ne persiste du tissu embryonnaire.

N° 3. — Un rat mâle, de taille moyenne (poids de l'embryon : 5 grammes). Il est sacrifié après 30 jours. On observe encore le même aspect avec cette différence que les fibres du tissu conjonctif se mélangent au tissu jeune formé des éléments fusiformes et ronds.

N° 4. — Un rat femelle, de taille moyenne (poids de l'embryon : 5 grammes). A l'autopsie, après 37 jours, on enlève un tout petit fragment. L'examen microscopique montre des poils et un tissu épithélial pavimenteux d'aspect normal. Autour du cartilage on note une inflammation caractérisée par un afflux considérable de polynucléaires.

N° 5. — Un rat mâle, de taille moyenne (poids de l'embryon : 5 grammes). Il est sacrifié après 21 jours. A l'autopsie, on enlève un fragment long de 1 cm. 5 et large de 1 centimètre. L'étude histologique comparative avec les maxillaires, frères de ceux qu'on vient de greffer, nous montre que les poils ont achevé normalement leur développement, et le cartilage est devenu adulte en s'ossifiant régulièrement. Le tissu conjonctif embryonnaire est remplacé par un tissu cellulaire jeune, formé d'éléments indifférents, très serrés. La muqueuse des lèvres, développée déjà chez l'embryon au moment de la greffe montre, 21 jours après que l'on a trempé les maxillaires dans le filtrat, l'évolution anormale. Les cellules du tissu épithélial pavimenteux de la muqueuse se transforment, prenant la forme anguleuse, avec les noyaux intensément colorés et une capsule protoplasmique très foncée. Dans un autre endroit de la coupe, on voit le tissu épithélial pavimenteux se désagréger, ses éléments s'entremêlent avec le tissu cellulaire jeune formé des cellules rondes. Par place, dans ce tissu, se trouvent noyés de petits globes constitués de tissu épithélial stratifié, dont les couches profondes gardent aspect normal ; les cellules superficielles se transforment, prenant la forme « anguleuse ».

N° 6. — Un rat mâle, de taille moyenne. Poids de l'embryon : 5 gr. 5. La greffe de maxillaires trempés dans le filtrat n° 1 est enlevée après 44 jours. A l'examen microscopique, on voit persister au centre de la greffe quelques kystes revêtus de tissu épithélial simple, pavimenteux, ou tissu cilié, des fragments d'os. A la périphérie et autour des tissus embryonnaires se trouve une capsule épaisse d'un tissu jeune formé d'éléments fusiformes mêlés à des éléments de nature épithéliale. Ce tissu néoformé s'infiltre entre les kystes et semble se substituer au tissu embryonnaire, conservé en très petite partie.

Sur les dix rats inoculés avec les maxillaires embryonnaires trempés préalablement dans du filtrat n° 1, quatre n'ont pas pris la greffe.

2° Tête. — Un rat mâle, de taille moyenne, reçoit une tête d'embryon du rat (poids de l'embryon : 2 grammes) que l'on découpe en fragments. Ces fragments séjournent pendant 10 minutes *dans le filtrat n° 1* de la tumeur. A l'autopsie, après 21 jours, on enlève une masse longue de 1 cm. 5 et deux petits nodules situés à une certaine distance de la masse. Le tout est fixé sans en faire de passage. L'examen microscopique de la grande masse montre dans la coupe deux parties séparées par une bande de tissu conjonctif. Dans l'une le tissu embryonnaire est normal et en bon état, dans l'autre le cartilage un peu altéré est entouré d'un tissu cellulaire formé par des éléments ronds et fusiformes. Ce tissu est surtout abondant au voisinage de kystes revêtus par un tissu épithélial pavimenteux. Les cellules de celui-ci, en contact avec le tissu cellulaire néoformé, se transforment prenant la forme déjà décrite précédemment : anguleuse avec la zone foncée de protoplasma autour du noyau bien distinct. L'étude des petits nodules séparés montre la structure suivante : l'un d'eux est formé exclusivement de *tissu néoplasique*. L'aspect de cette tumeur est absolument identique à celui de la tumeur qui nous a servi pour préparer le filtrat n° 1, dans lequel le tissu embryonnaire fut trempé avant d'être greffé. C'est un sarcome aux éléments fusiformes et polyédriques comme celui décrit par Flexner. Le second nodule montre à son centre : un kyste revêtu de tissu épithélial pavimenteux, dont les cellules sont atypiques, des poils qui dégénèrent et une dent. Ces fragments de tissu embryonnaire sont entourés d'un tissu formé d'éléments ronds.

L'étude histologique comparative du témoin de la tête

greffée d'embryon de rat, montre, qu'après 21 jours tous le tissus ont évolué normalement, sauf le tissu épithélial pavimenteux.

b) *Greffe des organes embryonnaires trempés dans le filtrat n° 2*
(filtrat centrifugé)

Des *maxillaires* fragmentés d'embryon de rat dont le poids était de 4 grammes sont trempés dans le filtrat n° 2 cinq minutes et inoculés ensuite aux trois rats mâles, de taille moyenne. La greffe ne prend pas.

c) *Greffe des organes embryonnaires trempés dans le filtrat n° 3*
(filtrat sur la bougie)

Trois rats jeunes de petite taille reçoivent une greffe de maxillaires. Poids de l'embryon : 4 grammes. Ils sont fragmentés et trempés pendant cinq minutes dans le filtrat n° 3 de la tumeur. Les animaux sont sacrifiés 21 et 42 jours après la greffe. Après 21 jours le fragment enlevé est en voie de nécrose, les cellules géantes sont très nombreuses. Après 44 jours la structure de la coupe est la suivante : l'os et le cartilage se trouvent englobés dans un tissu formé d'éléments conjonctifs et épithéliaux. Il constitue une calotte autour du centre nécrosé. Sur le troisième rat la greffe ne prend pas.

La greffe normale des maxillaires embryonnaires *sans filtrat* que nous avons pratiquée pour avoir de témoins, sur quatre rats a donné trois résultats positifs. Leur étude histologique a été faite précédemment dans le chapitre sur la greffe normale de maxillaires et décrite dans les n°s 1, 8 et 9.

En résumé, sur dix-sept greffes de tissu embryonnaire trempé avant la greffe dans les filtrats de la tumeur, huit ont réussi.

Comparativement aux greffes normales (sans filtrat) d'âge correspondant, le tissu embryonnaire trempé dans le filtrat, n'évolue qu'incomplètement et pendant un temps très court.

Il se trouve étouffé par le développement d'un tissu cellulaire (inflammatoire) formé d'éléments conjonctifs et épithéliaux. Le tissu embryonnaire semble vite se résorber et se trouve remplacé en partie par le tissu néoformé. Au cours de nos expériences sur la greffe de tissu embryonnaire trempé dans le filtrat n° 1 de la tumeur, nous avons noté une fois la formation d'une tumeur de Flexner, identique à celle qui nous a servi pour préparer le filtrat n° 1.

Les rats témoins, auxquels nous avons injecté le même filtrat, mais seul, sans tissu embryonnaire, ne présentent rien, à la suite de l'inoculation.

TROISIÈME SÉRIE (Injection de filtrats de la tumeur du rat dans les greffes d'organes embryonnaires)

D'après la technique décrite précédemment, nous avons pratiqué l'injection du filtrat de la tumeur n° 1 (filtrat sur papier) ou n° 2 (filtrat centrifugé), ou n° 3 (filtrat sur bougie), dans les greffes embryonnaires de fémur, de maxillaires, d'intestin.

L'âge des greffes embryonnaires au moment de l'injection variait de 6 jours à 135 jours. L'injection était de 1 centimètre à 1 cm. 5 et elle a été pratiquée une, deux ou trois fois à des intervalles de temps variés. 55 greffes diverses, nous ont servi pour les injections des filtrats de la tumeur. Chaque fois que l'injection du filtrat était pratiquée dans les greffes embryonnaires, nous inoculions aux témoins le culot de centrifugation du même filtrat. 26 rats nous ont ainsi servi de témoins pour les expériences, que nous résumons ci-dessous. D'autre part, nous avons conservé, pour l'étude comparative ultérieure, les greffes normales appartenant aux séries, d'où nous avons pris les greffes pour les inoculations des filtrats de la tumeur. Enfin, pour servir de témoins, nous pratiquons encore dans les greffes embryonnaires, l'injection d'un autre filtrat, que celui de la tumeur, notamment du filtrat d'un tissu normal (tissu splénique). Après avoir fait l'injection, nous sacrifions les animaux à des intervalles de temps variant de 19 jours à 90 jours.

Voici le résumé de nos expériences.

a) *Injection du filtrat n° 1 (filtrat sur papier) dans les greffes des organes embryonnaires*

1° *Dans la greffe de fémur.*

N° 1. — Un rat mâle, porteur de la greffe, âgée de 30 jours, reçoit 1 centimètre cube de filtrat simple de la tumeur. L'animal est sacrifié après 30 jours (60 jours du début de l'expérience). A l'autopsie, on enlève une masse longue de 3 centimètres et large de 2 centimètres. D'une partie de la greffe s'échappe une matière floconneuse, épaisse. A l'examen microscopique, la structure de la coupe est la suivante : de la périphérie au centre se trouve un tissu formé de fibres conjonctives et d'éléments ovoïdes ou ronds à noyau très colorable et à protoplasma clair. Dans ce tissu s'agglomèrent par places les polynucléaires, de façon identique à ce qui se passe dans la tumeur du type Flexner dont nous nous sommes servis pour le filtrat n° 1. Dans un autre endroit de la coupe, on voit ce tissu s'infiltrer dans un tissu épithélial stratifié du type pavimenteux. Ce dernier présente un aspect particulier : il prolifère abondamment, présente de nombreuses « digitations ». Les cellules épithéliales sont transformées. Elles présentent un noyau bien distinct encapsulé d'une zone foncée, irrégulière de protoplasma, ce qui donne aux cellules un aspect triangulaire (étoilé). Ces éléments ainsi transformés constituent des traînées dans le tissu conjonctif voisin, où par places on remarque de petits amas isolés, formés de cellules épithéliales. Du tissu embryonnaire, il ne reste que l'os et le cartilage. Les cellules cartilagineuses ont un noyau à peine visible, les limites cellulaires sont très pâles.

L'étude comparative de cette coupe avec la greffe normale de fémur de la même série (sans injection du filtrat de la tumeur) d'âge correspondant est très instructive. Le fémur étant transplanté avec la peau qui le recouvrait, on voit celle-ci constituer un kyste revêtu d'un tissu épithélial stratifié du type pavimenteux, dont les cellules gardent l'aspect normal. Les poils avec les glandes sébacées ont évolués normalement. Les cellules cartilagineuses sous-jacentes sont réparties en groupes, se divisent activement, et par places s'ossifient régulièrement. La description détaillée de la greffe normale est faite dans le chapitre premier, relatif à la greffe de fémur.

N° 2. — Un rat mâle, porteur de la greffe âgée de 30 jours. L'injection du filtrat (1 centimètre cube) étant pratiquée, on sacrifie l'animal après 42 jours (72 jours du début de l'expérience). A l'autopsie, on enlève un petit fragment long de 1 centimètre, qui montre à l'examen microscopique du cartilage en mauvais état; les cellules cartilagineuses ne sont plus que des petites vacuoles vides ou contenant des résidus de noyaux.

N° 3. — Un rat femelle, de taille moyenne; porteur de la greffe de fémur (sans peau), âgée de 30 jours. Deux injections du filtrat de la tumeur (à raison de 1 centimètre cube) sont pratiquées; la deuxième 21 jours après la première. L'animal est sacrifié trois semaines après la deuxième injection. Un petit fragment est enlevé à l'autopsie. L'examen microscopique montre des tissus divers conservés normalement.

N° 4 et n° 5. — Deux rats mâles, de taille moyenne; la greffe de fémur au moment de l'injection est de 23 jours. Trois injections du filtrat de la tumeur sont pratiquées à des intervalles de 21 jours. Les animaux sont sacrifiés après 30 jours (95 jours du début de l'expérience). L'examen microscopique montre les tissus embryonnaires en voie de nécrose; des cellules géantes sont très nombreuses.

N° 6, n° 7, n° 8. — Trois rats mâles, de taille moyenne, porteurs de la greffe âgée de 25 jours. Trois injections de 1 centimètre cube du filtrat de la tumeur sont pratiquées à des intervalles de 21 jours. 21 jours après la troisième injection un rat est sacrifié (88 jours du début de l'expérience). L'examen microscopique du tout petit morceau enlevé montre la résorption presque complète de la greffe; un foyer cartilagineux persiste encore, mais il est très altéré. Chez les deux autres rats, 9 jours après la dernière injection, la greffe se résorbe et disparaît complètement.

Ainsi sur huit greffes de fémur, dans lesquelles on pratique l'injection du filtrat de la tumeur n° 1, deux greffes se résorbent à la suite de l'injection.

2° *Dans les greffes des maxillaires.*

N° 1, n° 2, n° 3, n° 4. — Quatre rats mâles, de taille moyenne, porteurs de la greffe des maxillaires âgée de 24 jours. Le rat n° 1 reçoit une seule injection de 1 cm³ 1/2 et il est sacrifié 21 jours après (45 jours du début de l'expérience). A l'autopsie on enlève une masse de 2 centimètres de long sur 1 centimètre de large. Son étude histologique montre un cartilage, dont les cellules se divisent, une série de kystes revêtus les uns par un tissu épithélial stratifié du type pavimenteux, les autres par un tissu épithélial cilié. La lumière des kystes est occupée par les polynucléaires. Le tissu épithélial pavimenteux présente des digitations ; ses cellules se transforment, prenant cet aspect singulier observé déjà ci-dessus (fémur n° 1). Dans le tissu conjonctif se trouvent de petits ilots formés d'éléments épithéliaux disposés irrégulièrement.

Le rat n° 2 reçoit deux injections du filtrat à des intervalles de 21 jours (1 centimètre cube). L'animal est sacrifié 21 jours après la deuxième injection (66 jours du début de l'expérience). A l'autopsie on enlève une masse ronde, longue et large de 2 centimètres, de couleur rouge. Macroscopiquement on y devine la présence de la tumeur. En effet, à l'examen microscopique, on constate un grand développement de la *tumeur typique de Flexner*. Elle est encapsulée par le tissu épithélial pavimenteux, dont les cellules en contact immédiat avec la tumeur se transforment. Elles prennent l'aspect déjà plusieurs fois décrit : triangulaire (étoilé). En s'approchant du centre de la tumeur, ces éléments épithéliaux transformés se mêlent à des cellules cancéreuses et finissent par leur ressembler. Une partie de la greffe est ainsi occupée par la tumeur qui a pris un grand développement. En un autre point de la greffe on voit une série de kystes, revêtus les uns par un tissu épithélial pavimenteux, les autres par un tissu épithélial cilié. La tumeur s'infiltre entre les kystes ainsi qu'entre l'os et le cartilage qui persistent et gardent leur aspect normal. Dans cette partie de la greffe (Pl. VI, fig. 1), le tissu épithélial pavimenteux, seul, a pris un grand développement. Dans les kystes, il constitue un revêtement épais à la superficie, il pousse des « digitations » nombreuses d'où partent des traînées de cellules épithéliales atypiques ou les cordons épithéliaux pleins d'aspect déjà franchement néoplasique, ceux-ci font corps avec la masse de la tumeur typique de Flexner, qui occupe la plus grande partie de la greffe. Les cellules épithéliales présentent de nombreuses figures de karyokinèse. Vers le centre de la tumeur, on observe des petits bourgeons épithéliaux, isolés, dont les cellules périphériques sont atypiques. D'autre part, en contact avec la tumeur, on voit persister avec son aspect normal la peau différenciée avec des poils et des glandes sébacées, et un petit kyste formé d'un tissu épithélial pavimenteux à cellules typiques. De la tumeur obtenue et décrite ci-dessus, nous avons pratiqué le passage sur 4 rats. Toutes les quatre greffes ont été positives. A l'examen microscopique, c'est la tumeur typique de Flexner qui a dominé définitivement le tissu embryonnaire, dont on n'apercevait plus aucune trace. De nouveaux passages sont pratiqués ; la tumeur se montre facilement transplantable. Elle nous a servi ultérieurement pour quelques filtrats injectés dans les greffes des rats n°s 8, 9, 10.

Le rat n° 3 reçoit deux injections du filtrat et il est sacrifié 30 jours après la deuxième injection (75 jours du début de l'expérience). A l'autopsie, une grande masse est enlevée, d'aspect analogue à celui observé chez le rat précédent. L'examen microscopique ne montre pas de tumeur typique, mais les cellules du tissu épithélial pavimenteux présentent le même aspect atypique que dans le cas précédent. Le tissu épithélial bourgeonne intensivement, montre des « digitations » et ses cellules se divisent en grand nombre par karyokinèse. Cette modification porte exclusivement sur le tissu épithélial ; les autres tissus embryonnaires dans la greffe des maxillaires persistent avec leur aspect normal (le cartilage, l'os, le tissu épithélial cilié, les dents).

Le rat n° 4 reçoit trois injections du filtrat à des intervalles de 21 jours. Après la troisième injection la greffe se résorbe complètement.

N° 5, n° 6, n° 7. — Trois rats mâles, de petite taille, porteurs de la greffe des maxillaires âgée de 18 jours. On pratique une seule injection du filtrat (1 cm³ 1/2). 10 jours après l'injection deux greffes se résorbent.

Le rat n° 7 est sacrifié 90 jours après l'injection (108 jours du début de l'expérience). Le rat est atteint de la gale au moment de l'autopsie. A l'examen microscopique nous constatons quelques kystes revêtus d'un tissu épithélial pavimenteux. Ce tissu bourgeonne et présente des « digitations ». Les cellules épithéliales montrent de nombreuses figures karyokinétiques. Parmi les kystes il en est qui sont revêtus en partie par un tissu épithélial cilié, entre autres par le même tissu épithélial cilié transformé en tissu épithélial du type pavimenteux. Le cartilage s'ossifie régulièrement.

N° 8, n° 9, n° 10. — Trois rats femelles, de taille moyenne, portent la greffe des maxillaires âgée de 27 jours au moment de l'injection. La tumeur qui nous a servi ici pour préparer le filtrat est la tumeur décrite chez le rat n° 2. L'injection est de 1 centimètre cube. 21 jours après l'injection, ce rat n° 8 est mort ; la greffe s'était résorbée. Le rat n° 9 est autopsié 79 jours après l'injection (105 jours du début de l'expérience). Le rat est trouvé mort. Le morceau enlevé est macroscopiquement en mauvais état. A l'examen microscopique on voit : des poils atrophiés, quelques dents, des cellules géantes et des polynucléaires en grand nombre. Nous poursuivons encore en ce moment l'expérience sur le rat n° 10. La greffe se maintient bien : 5 mois après l'injection, elle présente deux nodules long chacun de 1 centimètre et large de 1 cm. 1/2. Le volume reste stationnaire depuis deux mois.

N° 11. — Un rat mâle, de grande taille. Il est porteur de la greffe des maxillaires qui date du 26 janvier 1912. L'injection du filtrat n° 1 est pratiquée dans la greffe le 11 juin 1912. Nous poursuivons encore l'expérience et en ce moment (4 mois après l'injection et 9 mois du début de l'expérience) la greffe présente deux masses, une ronde, dure, longue et large de 2 centimètres, l'autre allongée, plus petite. La masse ronde augmente toujours de volume.

Sur onze greffes de maxillaires injectées avec du filtrat de la tumeur, quatre se sont résorbées à la suite de l'inoculation du filtrat ainsi que nous venons de le voir. Trois greffes de celles-ci étaient aseptisées par l'iode avant l'injection du filtrat.

L'étude histologique des greffes normales de maxillaires correspondantes a été faite précédemment, dans le premier chapitre sur la greffe en général : greffe des maxillaires n°* 3, 14, 15.

3° *Dans la greffe d'intestin.*

N° 1, n° 2, n° 3. — Trois rats mâles, de taille moyenne, porteurs de la greffe de l'intestin âgée de 30 jours.

Le rat n° 1 reçoit deux injections du filtrat de la tumeur à des intervalles de 21 jours (1 centimètre cube). 19 jours après la deuxième injection (70 jours du début de l'expérience), l'animal est sacrifié. A l'autopsie on enlève une greffe de 2 centimètres de long sur 1 centimètre de large. On la divise en deux parties. Avec une de ces parties on fait le passage sur deux rats : les fragments se sont résorbés complètement 20 jours après la réinoculation ; avec l'autre partie on pratique des coupes en séries. A l'étude histologique, on constate la discontinuité de l'épithélium de la muqueuse intestinale. Elle est dissociée. L'épithélium des villosités enkystées s'oriente atypiquement, présente des formes en accent circonflexe, ou en points d'interrogation (Pl. VII, fig. 1). Il est formé d'éléments cylindriques petits, comme rapetissés. Il n'y a plus de cellules caliciformes, de glandes de Lieberkühn, ni de sécrétion du mucus. Cet aspect est bien différent de celui présenté par le témoin : greffe normale sans filtrat, de la même série. Dans celle-ci l'épithélium de la muqueuse intestinale est continu. Il est formé d'éléments cylindriques hauts et d'éléments caliciformes. Les glandes de

Lieberkühn, ainsi que l'épithélium de revêtement sont en pleine activité fonctionnelle. L'étude histologique détaillée de cette greffe normale est faite dans le chapitre premier : greffe de l'intestin nº 1, ainsi que d'une autre greffe normale d'âge correspondant (67 jours), nº 4. Comme témoin de la greffe décrite avec le filtrat de la tumeur, nous avons pratiqué, encore dans la greffe d'intestin âgée de 21 jours, l'injection d'un autre filtrat : celui de la rate enlevée chez le rat adulte. Le filtrat est préparé par un procédé identique à celui employé pour le filtrat de la tumeur. Une seule injection de 1 centimètre cube est pratiquée dans la greffe. A l'autopsie, 20 jours après, on enlève la greffe longue de 2 centimètres et large de 1 centimètre. A l'examen microscopique, l'épithélium de la muqueuse intestinale reste absolument normal. L'aspect de la greffe est le même que celui décrit dans le chapitre premier sous les nºˢ 1 et 4 (greffe de l'intestin). (Voir pour les témoins Pl. V, fig. 1 et Pl. VIII, fig. 1).

Les rats nº 2 et nº 3 reçoivent trois injections à des intervalles de 21 jours. 22 jours après la troisième injection les deux greffes se résorbent complètement.

Nº 4, nº 5, nº 6, nº 7. — Quatre rats mâles, de taille moyenne, porteurs de la greffe d'intestin âgée de 21 jours, reçoivent deux injections du filtrat de la tumeur à raison de 2 centimètres cubes. 22 jours après la première injection, la greffe se résorbe chez deux rats. Le rat nº 6, après avoir reçu une seule injection, est autopsié 32 jours après (du début de l'expérience 53 jours). A l'autopsie, on enlève la greffe longue de 4 à 5 centimètres. A l'examen microscopique on constate le même aspect que celui décrit chez le rat nº 1, avec cette différence seulement qu'on voit ici encore quelques villosités, avec un épithélium muqueux normal et bien conservé. Il est continu et différencié en éléments cylindriques et caliciformes.

Le rat nº 7 reçoit deux injections à un intervalle de 21 jours. Le rat est sacrifié 44 jours après la deuxième injection (du début de l'expérience 86 jours). A l'autopsie, on enlève un petit fragment qui montre à l'examen microscopique des fragments de l'épithélium de la muqueuse intestinale. Le tissu conjonctif pousse abondamment et se substitue au tissu embryonnaire.

Nº 8, nº 9, nº 10. — Trois rats mâles, de petite taille, porteurs de la greffe d'intestin âgée au moment de l'injection de 14 jours. Dix jours après l'injection, les greffes se résorbent complètement.

Nº 11, nº 12. — Deux rats femelles, de taille moyenne, portent la greffe d'intestin âgée de 21 jours. La tumeur qui nous a servi ici pour préparer le filtrat provient du troisième passage de la tumeur typique de Flexner obtenue aux dépens du filtrat nº 1 injecté dans les greffes de maxillaires et que nous avons décrite au début de cette série d'expériences, chez le rat n° 2. La greffe chez le rat n° 11 se résorbe à la suite d'injection du filtrat (1 cm³ 1/2).

Sur le rat n° 12 nous poursuivons encore l'expérience. Nous en sommes au quatrième mois après l'injection. La greffe continue d'augmenter de volume, c'est une masse longue de 3 centimètres et large de 1 centimètre.

N° 13. — Un rat jeune, de taille moyenne, porteur de la greffe de l'intestin âgée de 18 jours. 60 jours après l'injection (1 cm³ 1 2) on sacrifie l'animal (78 jours du début de l'expérience). Au moment de l'autopsie, le rat est galeux. A l'étude histologique l'aspect de la coupe est le suivant : L'épithélium de la muqueuse intestinale est désagrégé. Il est le plus souvent discontinu. Les cellules épithéliales se dissocient et se mélangent à des éléments fusiformes du tissu conjonctif. Il se constitue ainsi un tissu d'aspect nouveau qui forme des traînées entre les villosités enkystées. L'épithélium de ces villosités sécrète intensivement du mucus. L'examen microscopique comparatif de la greffe normale (sans filtrat) de l'intestin, chez un rat également galeux, provenant de la même série et d'âge correspondant (79 jours), ne montre pas la dissociation des éléments constituant l'épithélium intestinal. Celui-ci, par places, est également discontinu.

N° 14, n° 15, n° 16, n° 17 sont encore en expérience.

N° 14. — Un rat mâle. La greffe date du 23 juin 1913; l'injection est du 14 août 1913. Le volume de la greffe a diminué après l'injection ; à présent il reste invariable.

N° 15. — Un rat femelle. La greffe est du 3 juillet 1913, l'injection est du 14 août 1913. En ce moment la greffe est longue de 3 centimètres et large de 2 centimètres. Elle évolue toujours.

N° 16 et n° 17. — Deux femelles. La greffe date du 13 juin 1913 et l'injection du 14 août 1913. Le n° 16 en ce moment présente une masse ronde et assez grande (volume d'une petite prune), elle évolue encore. Chez le rat n° 17, la greffe s'est ulcérée au commencement de septembre. L'abcès s'étant vidé il persiste depuis, près de mamelles un nodule dénudé, formé d'un tissu rouge vivant. Son volume reste invariable.

4° Dans l'estomac.

N° 1, n° 2. — Deux rats mâles, de taille moyenne, porteurs de la greffe de l'estomac âgée de 21 jours. Nous avons pratiqué deux injections à des intervalles de 22 jours (1 centimètre cube). 21 jours après la deuxième injection les greffes se résorbent complètement.

N° 3, n° 4, n° 5. — Trois rats mâles, de taille moyenne, porteurs de la greffe de l'estomac, âgée de 35 jours, reçoivent l'injection du filtrat de la tumeur, de 2 centimètres cubes. Les deux greffes se résorbent dans la suite, environ 30 jours après.

Le n° 5 persiste encore en ce moment. La greffe est longue de 2 centimètres sur 1 centimètre de large. En ce moment, cinq mois après l'injection le volume de la greffe reste invariable.

Sur 17 greffes d'intestin injectées avec du filtrat n° 1 de la tumeur, huit greffes se sont résorbées à la suite d'injection, quatre de ces greffes avant l'injection avaient été aseptisées avec l'iode.

b) *Injection du filtrat n° 2 (filtrat centrifugé)
dans les organes embryonnaires*

1° *Dans les maxillaires.*

N° 1. — Un rat mâle, de taille moyenne, porteur d'une greffe des maxillaires âgée, au moment de l'injection, de 6 jours. On injecte dans la greffe 1 cm³ 1/2 du filtrat centrifugé. La greffe se résorbe 30 jours après l'injection.

N° 2. — Un rat mâle, de grande taille. La greffe, au moment de l'injection du filtrat centrifugé, est âgée de 81 jours. 21 jours après l'injection, on sacrifie l'animal (102 jours du début de l'expérience). À l'autopsie, on enlève une masse de 2 centimètres de long sur 1 centimètre de large. Du pus s'échappe d'une partie de la greffe. L'étude histologique montre des tissus variés, tels que cartilage adulte, peau avec des poils normaux. En outre, on observe quelques kystes tapissés par un tissu épithélial du type pavimenteux ou par un tissu cilié. Le premier pousse de petites digitations, dont les cellules superficielles prennent des aspects atypiques. On voit dans les cellules épithéliales quelques figures de karyokinèse. Entre les kystes s'infiltre un tissu formé de fibres conjonctives et d'éléments fusiformes ou ronds. L'examen microscopique de la greffe normale correspondante a été fait précédemment (voir le chapitre premier : greffe de maxillaires, n° 13).

N° 3, n° 4. — Deux rats femelles, de taille moyenne, portent une greffe de maxillaires âgée, au moment de l'injection du filtrat centrifugé, de 27 jours. Les greffes se résorbent 21 jours après l'injection.

N° 5. — Un rat jeune, de petite taille. La greffe date du 26 avril

1913, l'injection du filtrat centrifugé est pratiquée le 28 mai 1913. Ce rat reste en expérience. La greffe après l'injection a diminué de volume ; ce volume reste invariable depuis quatre mois.

2° *Dans l'intestin.*

N° 1. — Un rat mâle, de taille moyenne, porteur d'une greffe de l'intestin âgée de 6 jours, reçoit l'injection (1 centimètre cube de filtrat centrifugé. 30 jours après, la greffe est totalement résorbée.

N° 2. — Un rat femelle, de grande taille. La greffe de l'intestin date du 3 juillet 1913 ; l'injection du filtrat centrifugé de la tumeur, est pratiquée le 14 août 1913 (1 centimètre cube). À l'heure actuelle, la greffe est longue de 2 centimètres sur 1 centimètre de large. Son volume continue à augmenter.

Ainsi, sur sept greffes d'organes embryonnaires dans lesquelles on a injecté le filtrat centrifugé de la tumeur, quatre se résorbèrent.

c) *Injection du filtrat n° 3 (sur la bougie poreuse) dans les organes embryonnaires*

1° *Dans les maxillaires.*

N° 1. — Un rat mâle, de taille moyenne. La greffe est âgée, au moment de l'injection (1 cm³), de 6 jours. L'animal est sacrifié après 21 jours (27 jours du début de l'expérience). À l'examen microscopique l'aspect de la coupe est le suivant : une série de kystes sont tapissés par un tissu épithélial pavimenteux ou un tissu épithélial cilié. Les cellules superficielles du tissu épithélial pavimenteux se transforment, prenant un aspect analogue à celui décrit chez les rats nos 1, 2 et 3 alors que dans les greffes des maxillaires, on avait injecté le filtrat sur papier blanc (filtrat n° 1). Le tissu épithélial cilié se transforme en tissu épithélial pavimenteux. Certains kystes sont revêtus par un épithélium mi-cilié mi-stratifié pavimenteux. D'autre part, on voit dans la coupe des bourgeons épithéliaux. Les uns sont des amas cellulaires pleins, qui envoient de nombreux prolongements dans le tissu conjonctif sous-jacent, les autres présentent au centre des cellules rondes, puis des couches de cellules polyédriques se divisant par clivage et, enfin, à la périphérie de ces bourgeons, les cellules épithéliales se transforment et deviennent atypiques. En contact avec un bourgeon de la première catégorie, se trouve l'organe adamantin bien différencié : le tissu pulpaire est recouvert d'ivoire et d'émail. Ce dernier est entouré d'un épithélium, formé de cellules cubiques et par places de plusieurs couches des cellules indifférenciées. Dans un autre endroit, le même épithélium est formé de corps sphériques, réfringents ou granuleux. A cette dent est accolée une autre, petite incomplètement formée : dans la masse adamantine se trouvent encore ces corps granuleux et réfringents. Parmi les bourgeons indifférenciés du second genre cités ci-dessus on en voit un qui donne naissance à son centre, à une dent incomplètement formée, à peine ébauchée, d'aspect anormal : l'épithélium dentaire est occupé par des corps ronds petits et réfringents. A côté de ces dents d'apparence plus ou moins anormale, il y en a d'absolument normales, bien développées.

L'évolution atypique des amas cellulaires épithéliaux, que nous constatons dans cette greffe des maxillaires, est à rapprocher de certaines formations décrites par Malassez dans son travail sur les débris épithéliaux paradentaires. L'auteur, dans sa « théorie paradentaire », explique, par la présence de ces débris au sein des maxillaires, un certain nombre des tumeurs épithéliales. Ces débris ne sont autre chose que des bourgeons épithéliaux non différenciés : les germes dentaires avortés ou les germes embryonnaires devant servir peut-être pour une nouvelle dentition (Malassez). Ces débris paradentaires se trouvent, d'une façon normale, chez l'homme adulte et sous l'influence d'un irritant pathologique, dit Malassez, ils retournent sur leurs pas et reproduisent les diverses néoformations épithéliales. Celles-ci peuvent se rapprocher des formations épithéliales dentaires plus ou moins différenciées, ou ressembler plus ou moins au bourgeon d'origine. L'étude histologique comparative de la greffe normale des maxillaires (sans filtrat) d'âge correspondant et appartenant à la même série, montre un développement normal des dents, ainsi que du tissu épithélial pavimenteux tapissant certains kystes. On ne voit pas dans la greffe normale des amas cellulaires sous forme de bourgeons épithéliaux. L'examen microscopique complet de cette greffe est fait dans le premier chapitre : greffe de maxillaires n° 7 (voir la figure correspondante : 2, Pl. II).

N° 2. — Un rat mâle, de grande taille. Au moment de l'injection (1 centimètre cube) du filtrat de la tumeur, la greffe de maxillaires est âgée de 81 jours. L'animal est sacrifié 44 jours après l'injection (125 jours du début de l'expérience). A l'autopsie, deux masses sont enlevées et chacune d'elles a 1 cm. 5 de longueur sur 1 centimètre de largeur. A l'examen microscopique : les kystes sont revêtus d'un tissu épithélial pavimenteux mince, ou par un tissu épithélial cilié. Celui-ci, par places, ne présente plus de cils, il est formé de plusieurs couches cellulaires, dont les éléments n'ont pas un caractère bien défini. La lumière des kystes est remplie par des cellules claires à noyau basal (cellules phagocytaires). Une inflammation très grande est concentrée autour des kystes. Le tissu épithélial pavimenteux qui constitue le revêtement de ces derniers pousse des prolongements. Ceux-ci sont parfois très longs et épais, en forme de doigt qui s'enfonce dans le tissu conjonctif sous-jacent. Les limites cellulaires sont à peine visibles. Dans la coupe on note encore de l'os et du cartilage, ce dernier est très altéré.

N° 3, n° 4. — Deux rats mâles, de petite taille, porteurs d'une greffe des maxillaires âgée, au moment de l'injection (1 centimètre cube), de 22 jours. *Le rat n° 3* est sacrifié 21 jours après l'injection (43 jours du début de l'expérience). A l'autopsie, on enlève une masse d'aspect rouge, longue de 3 centimètres et large de 1 centimètre. D'une partie de la greffe s'échappe une matière épaisse et floconneuse. L'examen microscopique montre la prolifération intense des bourgeons épithéliaux. Ceux-ci envoient des prolongements en forme de doigts, lesquels s'infiltrent dans le tissu conjonctif sous-jacent. Les éléments épithéliaux se mêlent aux éléments fusiformes du tissu conjonctif et constituent un tissu cellulaire d'aspect nouveau qui forme une calotte dense à la périphérie de la coupe, et accompagne le tissu épithélial à cellules atypiques. Le revêtement épithélial pavimenteux des kystes est très épaissi et présente des « digitations » nombreuses (Pl. VI, fig. 2). Cet aspect est à rapprocher de celui décrit chez le rat n° 3, qui a reçu dans la greffe des maxillaires le filtrat simple sur papier blanc. Les prolongements très épais d'épithélium vont d'un kyste à un autre ou restent isolés. Les cellules épithéliales se divisent par karyokinèse ou par clivage. Quelques amas épithéliaux isolés montrent les cellules se divisant par karyokinèse à côté d'autres qui se divisent par le clivage. Certains kystes sont tapissés en partie par un tissu épithélial pavimenteux qui se continue par un tissu épithélial cilié. Le cartilage garde son aspect normal. L'examen microscopique de la greffe-témoin a été décrit dans le chapitre premier (greffe des maxillaires n° 3). Les différents tissus présentés par la greffe normale ont conservé leur aspect habituel.

Le rat n° 4, est sacrifié 45 jours après l'injection (62 jours du début de l'expérience). A l'autopsie, on enlève une masse de 3 centimètres de long sur 2 centimètres de large. L'étude histologique montre l'aspect décrit chez le rat n° 1. Le nombre des dents développées anormalement est plus grand. Des corps sphériques, réfringents ou pigmentaires, sont disposés sous forme d'un épithélium autour des adamantoblastes, ou au centre des globes épidermiques (le même aspect est décrit dans l'épithélioma mixte adamanto-malpighien de Mallassez). Les cellules de l'épithélium dentaire ne sont plus cylindriques par places. Elles se transforment et prennent un aspect indifférent. Des traînées cellulaires en partent et rayonnent dans le tissu environnant. Outre les dents, on voit persister dans la greffe la peau avec les poils développés normalement, le cartilage adulte, l'os. Pour l'étude du témoin : nous rappellerons que la greffe normale a été déjà faite précédemment dans le chapitre premier (greffe de maxillaires n° 8) : elle montrait, entre autres tissus, des dents développées normalement.

N° 5 — Un rat mâle, de taille moyenne. La greffe des maxillaires date du 19 avril 1913 et l'injection du filtrat de la tumeur sur la bougie poreuse n° 1, est pratiquée le 27 mai 1913. Nous poursuivons encore cette expérience. La dimension de la greffe à l'heure actuelle est de 2 centimètres de long sur 1 centimètre de large et elle évolue toujours.

2° *Dans l'intestin.*

N° 1. — Un rat mâle, de taille moyenne, porteur de la greffe d'intestin âgée de 6 jours au moment de l'injection du filtrat n° 3. L'animal est sacrifié 21 jours après l'injection. A l'examen microscopique, dans le petit fragment enlevé on constate la nécrose de l'instestin embryonnaire greffé.

N° 2. — Un rat mâle, de petite taille, porteur de la greffe, âgée de 18 jours. A la suite de l'injection du filtrat, la greffe se résorbe totalement au bout de 20 jours.

N° 3. — Un rat mâle, de taille moyenne. On injecte dans la greffe, âgée de 18 jours, 1 centimètre cube du filtrat n° 3. L'animal est sacrifié 60 jours après (78 jours du début de l'expérience). A l'autopsie, on enlève un morceau long de 1 cm. 5 et large de 1 cm. A l'examen microscopique on constate que l'épithélium de la muqueuse prend le même aspect que dans le cas décrit sous le n° 1, où on a injecté dans la greffe de l'intestin le filtrat sur papier n° 1 (figure correspondante Pl. VII, fig. 1). L'épithélium de la muqueuse est discontinu. A la muqueuse sont annexées les glandes de Lieberkühn dont

l'épithélium glandulaire montre de nombreuses figures de karyo-
kinése. Cet épithélium est très peu fonctionnel : on ne voit guère
que quelques cellules caliciformes. Les cellules de l'épithélium de
revêtement perdent leurs caractères distinctifs et leur forme cylindrique. L'épithélium se dissocie et ses éléments constituent des petits
amas cellulaires où sont visibles les diverses figures karyokinétiques
(Pl. VII. fig. 2). On aperçoit encore quelques kystes tapissés par l'épithélium de la muqueuse intestinale. Ils sont réunis entre eux par un
tissu conjonctif où on aperçoit des éléments fusiformes et ronds.

La greffe normale de la même série sans filtrat et d'âge correspondant montre de rares figures karyokinétiques dans les éléments épithéliaux. Les cavités kystiques sont très distendus, l'épithélium par
endroits, est également discontinu.

Ce rat, de même que celui injecté, est galeux au moment de l'autopsie.

Ainsi sur neuf greffes d'organes embryonnaires dans lesquelles nous avons pratiqué l'injection du filtrat n° 3, deux
greffes seulement se résorbèrent.

En résumé sur 56 greffes embryonnaires, que nous avons
inoculées avec les filtrats de tumeur suivants : filtrat sur le
papier blanc, filtrat centrifugé, filtrat sur la bougie n° 1,
24 greffes se sont résorbées à la suite de l'injection, 9 à
30 jours après.

Nous croyons pouvoir attribuer la résorption de dix greffes
à l'iode qui a été employé comme antiseptique. Les greffes
des mêmes séries qui ont été aseptisées par le sublimé avant
l'injection du même filtrat ne se résorbent point.

D'autre part, parmi les greffes qui se sont résorbées, sept
étaient âgées de six jours à peine, au moment de l'inoculation. Le tissu embryonnaire ne pouvant alors être aussi soli-
dement déjà fixé à son hôte, on est en droit de se demander,
si la piqûre de l'aiguille au moment de l'injection, n'a pas
été la cause de la régression rapide de la greffe. Sur treize
greffes âgées à peine de 6 à 18 jours dont nous sommes servies
pour les injections de filtrats, cinq se maintiennent plus ou
moins bien après l'inoculation . Enfin la résorption des sept
dernières greffes ne peut être attribuée qu'à l'injection pra-

tiquée de filtrats, ou encore à la résistance insuffisante de la
greffe embryonnaire.

Comparaison faite avec les greffes normales (sans filtrat),
il résulte de nos expériences de la troisième série : que l'injection du filtrat de la tumeur, soit obtenu sur le papier simple à filtrer, soit centrifugé, soit encore passé sur la bougie
n° 1, pratiquée dans la greffe du tissu embryonnaire, provoque une inflammation d'allure particulière portant exclusivement sur le tissu épithélial. Nous avons noté une prolifération intense de celui-ci, sous forme de bourgeons pleins ou
de digitations cellulaires, dont les ramifications vont souvent
assez loin dans le tissu sous-jacent. La cellule épithéliale
devient atypique et s'infiltre dans le tissu conjonctif voisin.
Il en résulte un tissu d'aspect nouveau qui prend quelquefois
un développement appréciable. Il englobe le tissu embryonnaire en l'étouffant.

Nous avons noté au cours de nos expériences sur l'injection des filtrats dans les greffes du tissu embryonnaire un cas
de formation aux dépens du filtrat n° 1 (obtenu sur le papier
blanc à filtrer) de la tumeur typique de Flexner, analogue à
celle que nous avons employée pour faire le filtrat à injecter.
Les témoins, cinq rats non porteurs de greffes embryonnaires
auxquels nous avons injecté le culot de centrifugation du
même filtrat n° 1 — seul — n'ont jamais montré la formation
de la tumeur.

Il en a été, du reste, de même, pour les 21 rats, qui nous
ont servi comme témoins pour toutes les expériences, de la
dernière série.

Des 26 rats témoins qui ont reçu le culot de centrifugation
de filtrats de la tumeur, ne restent à l'heure actuelle que
sept rats. Les autres sont morts, par cachexie lente, à des
intervalles de temps variant de deux à trois mois après l'injection.

III. — Résumé

Nous résumerons ainsi toutes nos expériences sur les *greffes mixtes*.

Les cellules embryonnaires en contact avec les cellules néoplasiques se résorbent pour la plupart, ne pouvant pas résister à leur action nocive.

D'autre part, lorsque le tissu embryonnaire, à la suite de l'inoculation du filtrat de la tumeur, n'arrive pas à se résorber immédiatement, on remarque dès les premiers jours, c'est-à-dire huit à dix jours après l'inoculation, une augmentation appréciable du volume de la greffe. Cet accroissement de la greffe est dû ou bien au développement de la tumeur typique (de Flexner) aux dépens du filtrat, au sein même de la greffe embryonnaire, ou bien à l'hypertrophie de certains tissus embryonnaires tels que le tissu épithélial et le tissu conjonctif.

D'une manière générale, l'évolution de la greffe du tissu embryonnaire, après l'inoculation du filtrat de la tumeur, devient atypique. La réaction particulière semble se concentrer surtout autour de la cellule épithéliale. Celle-ci devient capable de bourgeonner démesurément et même de modifier son aspect normal.

Les greffes des mêmes cellules embryonnaires, non mélangées à la tumeur, ne montrent pas cet aspect. De même un tout autre filtrat que celui de la tumeur : filtrat d'un organe normal, injecté dans les greffes embryonnaires, les laisse évoluer sans les modifications décrites plus haut.

Au cours de nos expériences sur les greffes mixtes, nous avons noté à trois reprises la *formation de la tumeur typique de Flexner* aux dépens du filtrat obtenu sur le papier blanc (filtrat n° 1). Dans un cas ce filtrat fût injecté dans la greffe des maxillaires et dans les deux cas suivants le tissu embryonnaire était trempé dans le filtrat n° 1. La tumeur obtenue est parfaitement transplantable. Ce même filtrat, injecté aux rats non porteurs de greffes embryonnaires, ne nous a jamais donné de tumeur.

CONCLUSIONS

1. — Les tissus complexes d'embryon du rat, de même que des organes embryonnaires très spécialisés, tels que : l'intestin, le rein, les glandes salivaires, les yeux, la langue, les maxillaires, transplantés sous la peau du rat adulte, s'y attachent et évoluent.

2. — La persistance du tissu embryonnaire greffé peut être très longue, elle peut même dépasser un an.

3. — La limite de la progressivité pour toute cellule embryonnaire greffée ne peut encore être fixée définitivement.

4. — L'âge du rat porte greffe ainsi que les conditions hygiéniques dans lesquelles il se trouve influencent essentiellement les résultats de la greffe.

5. — Plus est indifférencié le tissu ou l'organe embryonnaire, au moment de la greffe, moins bien il se prête à la transplantation.

6. — Les femelles ne montrent pas une aptitude meilleure pour la greffe que les mâles.

7. — Les réinoculations de greffes embryonnaires restent jusqu'à présent sans grand succès.

8. — Le tissu embryonnaire peut vacciner les rats contre la prise de tissus embryonnaires et de tissus néoplasiques. De même, les tissus néoplasiques déterminent l'immunisation envers les tissus embryonnaires et les tumeurs de la même espèce animale.

9. — Les cellules embryonnaires mises en contact avec le filtrat de la tumeur de la même espèce animale évoluent atypiquement.

10. — Le tissu néoplasique (tumeur de Flexner) qui a servi comme filtrat peut se développer dans les greffes mixtes.

BIBLIOGRAPHIE

ADAMKIEWICZ. — Sur la reproduction des cellules et le problème du cancer. *Clinique Par.*, 1912, VII, p. 677-680.

ALBRECHT. — Entwicklungsmechanische Fragen der Geschwülstlehre, *Verhandlg. der path. Gesellsch.*, 1905.

ALESSANDRI. — Innesti di tessuti viventi adulti ed embrionali in alcuni organi del corpo, *Policlin. Sez. C.*, 1896.

— Innesti di tessuti embrionali nell'organismo adulto, *Atti Soc. Ital. di. Chir.*, 1909.

APOLANT. — Ueber künstliche Tumormischungen. *Zeitsch. für Krebsforschung.* 1907.

— Ueber Krebsimmunität, *Berlin. Klin. Wochenschr.*, 1911 et dans *Ztschr. f. Krebsforsch.*, t. XI, 1911, cah. 1, p. 97-112.

— Die experimentelle Erforschung der Geschwülste. *Handbuch der pathogenen Organismen*, ed. von Kolle u. Wassermann, Jena, 1906.

— Ueber die Immunität bei Doppelimpfungen von Tumoren, *Zeitschrift für Immunitätsforschung and exper. Therapie*, vol. X, 1911.

APOLANT et HAALAND. — Experimentelle Beiträge zur Geschwulstlehre, *Berlin. Klin. Woch.*, 1906.

APOLANT et MARKS. — Zur Frage der aktiven Geschwulstimmunität, *Zeitsch. f. Immunitätsforschung u. exp. Therapie*, t. X, 1911.

ASCHOFF. — Régénération et Hypertrophie. *Ergebnisse der allg. Pathologie*, 5e année, 1898, p. 22.

ASKANAZY. — Die Teratome nach ihrem Bau, ihrem Verlauf, ihrer Genese und im Vergleich zum experimentellen Teratoid. *Verhandlg. der deutsch. pathol. Gesellsch.*, 1907, p. 39.

— Die Resultate der experimentellen Forschung über teratoide Geschwülste, *Wiener med. Wochenschr.*, 1909, nⁱ 43, p. 2517-2523 et nⁱ 44, p. 2577-2582.

— Neuere Befunde bei experimentell erzeugten Teratoiden, *Estratto dagli Atti del I° Congresso Internat. dei Patologi*, Torino, 2-5 ottobre 1911.

ANHAUSEN. — Histologische Untersuchung über Knochentransplantation beim Menschen, *Deut. Zeitschr. f. Chir.*, vol. XCI, 1907.

— Die histologischen und klinischen Gesetze der freien Osteoplastik auf Grund von Tierversuchen, *Arch. f. klinische Chir.*, t. LXXXVIII, 1909.

— Der jetzige Stand der Lehre von der freien Knochenüberpflanzung, *Ergebnisse der wissenschaftlichen Med.*, éd. Lewin, 1910.

Arbeiten aus dem Gebiet der Knochenpathologie und Knochenchirurgie, *Arch. f. klin. Chir.*, t. XCIV.

BARD — La spécificité cellulaire et l'histogénèse chez l'embryon, *Arch. de Physiologie*, 1886.

BARFURTH. — Régénération et Involution. *Ergebnisse der Anatomie und Entwicklungsgeschichte*, t. I-XXI, 1891-1911.

— Regeneration und Transplantation in der Medizin, Jena, 1910.

BARFURTH et O. DRAGENDORFF. — Versuche über die Regeneration des Auges und der Linse beim Hühnerembryo, *Verhandl. d. anatom. Ges. Halle.*, 1902.

BARTH, A. — Histologische Untersuchungen über Knochenimplantationen. *Centralbl. f. allg. Path. u. path. Anat.*, 1896, p. 606.

— Geschwülsteratoide, *Centralbl. f. allg. Path. u. path Anatomie*, 1896, p. 695.

— Nochmals zur Frage der Vitalität replantirter Knochenstücke, *Centralbl. f. allgem. Path. u. path. Anatomie*, 1895, p. 645.

BASHFORD. — The immunity reaction to cancer. *Proceedings of the royal society of medicine*, 1910.

— Ueber Blutimmunität. *Arch. intern. de Pharmacol.*, Gand et Paris, 1901, VIII, p. 101-109.

— Einige Bemerkungen zur Methodik der experimentellen Krebsforschung. *Berl. klin Wochenschr.*, 1906, n° 16.

BASHFORD et M. HAALAND. — Ergebnisse der experimentellen Krebsforschung. *Berl. klin. Wochenschr.*, 1907, n° 38 et 39.

BASHFORD et J.-A. MURRAY. — Einige Ergebnisse der experimentellen Krebsforschung, *Berl. klin. Wochenschr.*, 1905, n° 46.

BASHFORD, MURRAY, et BOWEN. — Experimentelle Analyse des Carcinomwachstums, *Zeitschr. f. Krebsforsch.*, t. V, 1907.

BASHFORD, MURRAY et CRAMER — Variations in the rate of growth and in the results of transplantation. *Second scientific Report of the Imperial Cancer research fund.*

BASHFORD, MURRAY et HAALAND — Resistance and susceptibility to inoculated cancer, in *Third Scientific Report of the Imperial Cancer research fund.*

BASSO. — Ueber Ovarientransplantation, *Arch. f. Gynäkologie*, t. LXXVII, 1906.

BAUDOUIN, M. — Les tératomes ne sont que le vestige de l'un des sujets composants d'un monstre double, *Bull. et Mém. Soc. d'Anthropol.*, Paris, sér. 5, t. VII, 1907, p. 462-482.

BEARD. — Die Embryologie der Geschwülste. *Centralbl. f. all. Pathol.*, 1903.

BENEKE. — Zur Histologie der fœtalen Mamma und der gutartigen Mammatumoren, *Arch. f. Entwicklungsmechanik d. Organismen*, 1903, t. XVI, p. 536.

BENTHIN. — Zum Thema : Erzeugung atypischer Epithelwucherungen, *Zeitschr. f. Krebsforsch. Berl*, 1910, t. X, p. 227-234.

BERESOWSKI. — Ueber die histologischen Vorgänge bei der Transplantation von Hautstücken auf Tiere einer anderen Spezies, *Ziegler's Beiträge zur pathol. Anat.*, 1893, t. XII.

BERGER, P. — De l'autoplastie par la méthode italienne modifiée : ses indications, sa technique opératoire et ses résultats, *Quatrième Congrès français de chirurgie*, 1889.

BERTH, P. — De la greffe animale, Paris, 1863.

— Recherches expérimentales pour servir à l'histoire de la vitalité propre des tissus animaux. Paris, 1866.

BIRSCH-HIRSCHFELD et GARTEN. — Ueber das Verhalten der Implantation embryonaler Zellen in erwachsenen Tierkörper. *Ziegler's Beiträge*, t. XXVI, 1899.

BLANDIN. — Autoplastie. Thèse de Concours, Paris, 1836.

BLUMENTHAL. — Ueber die Rückbildung bösartiger Geschwülste durch die Behandlung mit dem eigenen Tumorextrakt (Autovaccine) *Zeitschr. f. Krebsf.*, t. XI, 1912, cah. 1-3, p. 427.

BODE et E. FABIAN. — Ueber die Transplantation freier und konservierter Gefässe, *Beitr. zur klin. Chirurgie*, t. LXVI, 1910.

BORN. — Ueber Verwachsungsversuche mit Amphibienlarven. *Arch. f. Entwicklmech*, t. IV, 1897.

BORREL, A. — Evolution cellulaire et parasitisme dans l'épithélioma. Montpellier, 1892. 3 planches. Thèse.

— Les théories parasitaires du cancer. *Ann. de l'Inst. Pasteur*, 1901.

— Le problème du cancer. Masson. Paris, 1907.

— Observations étiologiques. *Zeitschr. f. Krebsf.*, t. V, 1907, p. 106-112.

— Le problème étiologique du cancer. *Annales de l'Inst. Pasteur*. 1908, n° 6, p. 509-517.

— Parasitisme et tumeurs, *Ann. de l'Inst. Pasteur*, année 24, 1910, n° 10, p. 778-88.

Borst. — Die Teratome und ihre Stelle zu anderen Geschwülsten, *Verh. d. deutsch. pathol. Ges.*, Dresden, 1907, p. 83-104.

Borst et E. Enderlen. — Ueber Transplantation von Gefæssen und ganzen Organe, *Deutsche Zeitschr. f. Chirurgie*, t. XCIX, 1909.

Bosc. — Les parasites du cancer, pathogénie, histogénèse, prophylaxie des tumeurs malignes. *Congrès français de médecine*, 4ᵉ session, Montpellier, 1898, *Mémoires et Discussions*, 1899, p. 75-78.

Bra. — Le vaccin du cancer, *Rev. d. Mal. cancer*, Paris, 1901, VI, p. 37-45.

— Le cancer et son parasite, Paris, *Soc. d'édit. Scient.*, 1900.

Braus, H. — Einige Ergebnisse der Transplantation von Organanlagen bei Bombinatorlarven, *Verhandl. Anat. Ges.*, XVIII, Jena, 1904.

— Propfung bei Tieren, *Verh. d. Naturhist. Medizinvereins*, zu Heidelberg, 1908, t. VIII, p. 525-539.

Bridre. — Recherches sur le cancer expérimental des souris, *Ann. de l'Inst. Pasteur*, Paris, 1907, XXI, p. 760-776.

Brunn. — Beiträge zur Kenntniss der Zahnenentwicklung. *Arch. f. mikr. Anat.*, XXXVIII, 1891.

Buchner. — Immunität und Immunisirung. *Munchener med. Wochenschr.*, 1894, n° 37 et 38.

Bieder, J. — Propfbastarde und Chimæren, Sammelreferat, *Zeitschr. f. allgemeine Physiologie*, t. XI, 1910.

Burkardt. — Ein Beitrag zur Ovarientransplantation. *Centralbl. f. Gynækologie*, t. XXXII, 1908.

Carnot, P. — Les greffes muqueuses, leur application au traitement d'ulcères gastriques. *Soc. Biol.*, mai 1908.

— Les greffes de muqueuses et la pathogénie des cavités kystiques. *Arch. de med. experim.*, mai 1905.

— Les greffes muqueuses sur ulcères gastriques expérimentaux. *Arch. de medecine expérimentale*, t. XX, p. 716, 1908.

Carraro. — Ueber Schilddrüsenverpflanzungen in verschiedene Organe. *Deutsche Zeitschr. f. Chirurgie*, t. XCVII.

— Ueber heteroplastiche Verpflanzungen, *Frank. Ztschr. f. Path.*, 1909, III, p. 382-392.

CARREL. — La transplantation des membres. *Revue de Chirurgie*, 28e année, décembre 1908.

— La technique opératoire des anastomoses vasculaires et la transplantation des viscères. *Lyon médical*, 1902.

— Kultivierung der Gewebe. *Berlin. klin. Wochenschr.*, 1912, n° 12.

— Greffes expérimentales : rein et membre postérieur. *Bull. et mém. Soc. de chir. de Paris*, 1908, t. XXXIV, p. 952-954.

CLEMET. — Recherches expérimentales sur les tumeurs malignes, Paris, 1910.

CLOWES AND BAESLACK. — On the influence excited on the virulence of Carcinoma in Mice by subjecting the tumor materials to incubation previous to inoculation. *Journ. of exper. Med.*, t. VIII, août 1906.

COHNHEIM. — Theory of tumors, dans *Vorlesungen ueber allgemeine Pathologie*, 1882.

— In *Nagels Handbuch d. Physiologie*, t. II, p. 622 et suivantes.

COHNHEIM et MAAS. — Zur Theorie der Geschwulstmetastasen. *Virchow Archiv*, LXX, p. 161, 1877.

CONNELL, G. Mc.— The experimental production of epithelial proliferation, *J. Amer. M. Ass.*, Chicago 1907, XLIX, p. 1498-1502.

Del CONTE.— Einpflanzung von embryonalen Gewebe ins Gehirn. *Ziegler's Beiträge*, t. XLII, p. 193-1909.

CORNIL. — Sur les greffes et inoculations du Cancer, *Bull. de l'Ac. d. méd.*, 1891, n° 25.

CORSIN, G.— Greffe humaine et greffe animale. *Montpellier Médical*, 1894.

CRISTIANI. — Vitalité des tissus séparés de l'organisme. *Soc. de Biol.*, 1903.

— Des néoplasmes congénitaux. Mémoire couronné par l'Acad. de médecine de Paris. *Journal de l'anatomie et de la physiologie*, année XXVII, 1891, n° 5, p. 445-501.

— Réimplantation de greffes thyroïdiennes réussies. *Compt. rend. Soc. de Biol.*, 1903, p. 1457.

— Sur les glandules thyroïdiennes chez le rat. *Compt. rend. Soc. de Biol.*, 1892.

— Etude histologique de la greffe thyroïdienne. *Compt. rend. Soc. de Biol.*, 1894, p. 716.

CRISTIANI et FERRARI. — De la nature des glandules parathyroïdiennes, *Compt. rend. Soc. Biol.*, 1897, p. 885.

CZERNY. — Sur le traitement du Cancer. *Gazette médicale de Varsovie*, 1901, XXI, p. 488-453 (en polonais).

DAGONET. — Transmissibilité du Cancer, *Compt. rend. de la Soc. de Biol.*, 1903.

DEBERNARDI LORENZO. — Ueber die Transplantierbarkeit von breiten Magenschleimhautlappen, *Münch. med. Wochenschrift*, 1910, n° 31, p. 1677.

DECASTELLO. — Ueber experimentelle Nierentransplantation, *Wiener klin. Wochenschr.*, XV, 12, p 317.

DELBET. — Travaux de la deuxième confér. internat. pour l'étude du cancer, Paris, Félix Alcan, 1911, p. 750.

DIEHLER, E. — Ueber verkalkte Dermoidcysten, Würzburg, 1889, 8°, p. 26.

VAN DOOREMAL. — Entwicklung der in fremden Grund versetzen lebenden Gewebe, *Arch. f. Ophtalmol.*, XIX, t. III, Div. 1873.

DUNGERN. — Ueber Immunitaet gegen Geschwülste, *Münchener med. Wochenschrift.*, 1909, p. 1099.

— Einige Beobachtungen ueber Ueberempfindlichkeit, *Münchener med. Wochenschrift.*, 1909, p. 1814.

— Immunité. Travaux de la deuxième conférence internationale pour l'étude du cancer, Paris, 1910.

DUNGERN et WERNER. — Das Wesen der bösartigen Geschwültste, *Akadem. Verlagsgesellschaft*, Leipzig, 1907.

EHRLICH. — Experimentelle Untersuchungen über Immunitaet, *Deutsch. Med. Wochenschr.*, 1891, n° 44, p. 1218.

EISELSBERG. — Epithelkœrperchentransplantation, *Verhandlungen der deutschen Gesellschaft für Chirurgie*, 1908.

ELIAS. — La transplantation des tissus. Thèse de Paris, 1899.

ERNST, P. — Ueber den feineren Bau der Knorpelgeschwülste Polymorphisme, Metaplasie und Metatypie, Metachromasie, divergierende Differenzierung des Knorpels. *Centralbt. f. allg. Path. und path. Anat.*, 1905, p. 999.

DA FANO. — Zelluläre Analyse der Geschwülstimmunitätsreaktionen, *Zeitschr. f. Immunitätsforschung u. experiment. Therapie*, t. V, 1910.

FERL. — Tératomes expérimentaux. *Compt. rend. de la Soc. de Biol.*, 1897, p. 249.

— Note sur l'influence de l'incubation sur la croissance des tératomes expérimentaux chez une poule. *Compt. rend. de la Soc. de Biol.*, 1900.

— Note sur des greffes sous-cutanées d'yeux d'embryons de poulet. *Compt. rend. de la Soc. de Biol.*, 1897, p. 626.

— Nouvelles expériences relatives aux inclusions fœtales. *ibid.*, p. 861.

— Note sur la réaction des poulets aux greffes d'embryons, *Compt. rend. de la Soc. de Biol.*, 1897, p. 988.

— Note sur la persistance des tératomes expérimentaux et sur la présence de plumes dans ces tumeurs. *Ibid.*, 1898, p. 1059.

— Note sur le sort des blastodermes de poulet, implantés dans les tissus d'animaux de la même espèce. *Compt. rend. de la Soc. de Biol.*, 1895, p. 331.

— La famille tératoplastique, *Revue de Chirurgie*, 1895, p. 696.

Feré et Elias. — Note sur l'évolution d'organes d'embryon de poulet greffés sous la peau d'oiseaux adultes, *Arch. d'anat. microsc.*, 1898, t. I, p. 417.

Feré et Luthier. — Nouvelles observations sur les tératomes expérimentaux, *Arch. d'anat. microsc.*, t. III, 1900.

Feré et Petit. — Sur la structure des tératomes expérimentaux, *Compt. rend. de la Soc. de Biol.*, 1903.

Fischel, A. — Ueber die Differenzierungsweise der Keimblätter, *Arch. f. Entw. Mechan.*, 1910, t. XXX, p. 34.

— Ueber den gegenwärtigen Stand der experimentellen Teratologie, *Verhandl. d. deutsch. pathol. Gesellsch.*, in Breslau, 1902.

Fischer. — Teratom eines Bauchhodens mit chorionepitheliomatösen Wucherungen und Metastasen, *Arb. a. d. Geb. d. pathol. Anat. u. Bakt.*, Tübingen, t. VI, 1908, cah. 2, p. 358-374.

Fischer. — Ueber Regeneration und Transplantation des Pankreas von Amphibien, *Arch. für mikroskop. Anat.*, 1911, t. LXVII.

— Die experimentelle Erzeugung atypischer Epithelwucherungen und die Entstellung bösartiger Geschwülste, *Verhandlg. pathol. Gesellsch.*, 1906.

— Ueber Transplantation von organischem Materiel, *Deutsche Zeitschr. f. Chir.*, t. XVII, 1885.

Fischera. — Sugli innesti di tessuti embrionali e fetali. Nota preventiva, *Atti Soc. ital. di chir.*, Congresso 1908.

— Développement des greffes embryonnaires et fœtales. Immunisation qu'elles déterminent, *Arch. de méd. exper. et d'anat. pathol.*, t. XXI, 1909, n° 5, p. 617-646.

— Recherches expérimentales sur le cancer, *Arch. internat. de chirurgie*, Gand, 1910-1911, t. V, p. 3-116, 10 planches.

— Della meccanomorfosi in pathologia. L'influenza dei fattori funzionali sui processi di riparazioni, *Arch. ed. Atti della Società Italiana chirurg.*, XX, 1907, p. 93.

Flexner, S. — Tumor of the rat. *American association for cancer research*, 15. XI. 1907 et *The journal of the american medical association*, 1908, n° 1.

FLEXNER et J. W. JOBLING. — Ueber sekundaere Transplantation eines Sarkoms einer Ratte. *Centralbl. f. Physiologie*, 1907.

— On the promoting influence of heated tumor emulsions on tumor growth. *Proceedings of the society for experimental Biology and Medicine*, vol. IV, n° 7, p. 156, New-York, 1907.

— Further notes on a rat tumor. *Proceedings of the society for experimental Biology and Medicine*, vol. V, n° 4, p. 91, New-York, 1908.

— Restraint and promotion of tumor growth, *Proceed. of the Soc. f. exper. Biology a. Medicine*, t. V, f. 1, 15 nov. 1907, p. 16.

FLORESCO. — Transplantation des organes. Conditions anatomiques et techniques de la transplantation du rein, *Journ. de Physiol.*, VII, 1, 1905, p. 27.

— Recherches sur la transplantation du rein. *Journ. de Physiologie*, VII, 1, 1905, p. 47.

FRAENKEL. — Ueber Versuche durch experimentelle Verlagerung von Keimgewebe Karcinom zu erzeugen. *Centralbl. f. allg. Path.*, t. XIV, 1903.

FREUND, Paula. — Ueber experimentelle Erzeugung teratoider Tumoren bei der weissen Ratte. *Beitr. z. pathol. Anat.*, t. LI, 1911, cah. 3, p. 490-527.

FRIEDEMANN, ZIMMERMANN et E. SCHWALBE. — Neue Teratoidversuche. *Sitzungsber Abh. d. Naturf*, Rostock., 1910, p. 7.

GALEOTTI et VILLASANTA. — Sugli innesti con cellule embrionali tra tessuti ontogeneticamente affini. *Arch. f. Entwick. Mech.*, t. XIII.

GALIPPE. — Les débris épithéliaux paradentaires (origine, variétés, rôle physiologique et tumeurs qui en dérivent). D'après les travaux de L. Malassez. Masson, 1910.

GARRE, C. — Ueber die histologischen Vorgänge bei der Anheilung der Thierschschen Transplantation. *Beitraege zur klin. Chir.*, t. IV, 1889.

Transplantationen in der Chirurgie. *Verhandl. d. d. Naturforscherversammlung*, 1906.

— Epithelkoerperchentransplantationen. *Verhandl. d. d. Gesellsch. f. Chirurgie*, 1908.

GAYLORD, H. R. — The resistance of embryonic epithelium transplantable mouse-cancer, and certain organims to freezing with liquid air. *The journal of infectious Diseases*, t. V, n° 4, 1908.

Geoffroy Saint-Hilaire. — Histoire générale et particulière des anomalies, in-8°, t. III, p. 291, Paris, 1836.

Gierke. — Der Einfluss von Herkunft oder Maeuserassen auf die Uebertragbarkeit des Maeusekrebses, *Zeitschr. f. Krebsforch.*, t. VIII, 1909.

Gœbelt, R. — Versuche über Transplantation des Hodens in die Bauchhœle, *Centr. f. allg. Path. u. anat. Path.*, IX, p. 737.

Goldmann. — Ueber das Schicksal der nach dem Verfahren von Thiersch verpflanzten Hautstücke, *Beitrœge zur klin. Chirurgie*, t. XI, 1894.

— Anatomische Untersuchungen ueber die Verbreitungswege bœsartiger Geschwülste, *Beitrœge zur klin. Chir.*, t. XVIII.

Goldzieher. — Ueber Implantationen in die vorderer Augenkammer, *Arch. f. exper. Pathol.*, t. II, 1874.

— Experimentelle Beiträge zur Biologie der Geschwülste, *Verhandl. d. dtsch. Path. Ges.*, Strassbourg, 1912, p. 283-288.

Graefe, C. F. — Rhinoplastik oder die Kunst den Verlust der Nase organisch zu ersetzen, in ihren früheren Verhaeltnissen erforscht und durch neue Verfahrungsweisen zur höheren Vollkommenheit gefœrdert, Berlin, 1818, 8°, p. 210.

Griesser. — Fettbildung in implantierten Organen, *Centralbl. f. allg. Pat. u. anat. Path.*, 1912, p. 41.

Grohe. — Die vita propria der Zellen des Periostes, *Virch. Arch.*, t. CLV, 1899.

Gutzmann, S. — Experimentelle Untersuchungen mit implantierten Hautstücken, *Virch. Arch.*, CLXXXI, p. 391-451.

Haaland. — Les tumeurs de la souris, *Ann. de l'Inst. Past.*, t. XIX, 1905.

— Ergebnisse der experimentellen Krebsforschung, *Ztschr. f. Immunit. u. exper. Ther.*, Jena, 1908-1909, p. 449-545.

— Beobachtungen über natürliche Geschwulstresistenz bei Mäusen, *Berl. klin. Wochenschr.*, 1907.

Haberer. — Experimentelle Verpflanzung von Nebennieren in die Niere, *Verhandl. d. deutsch. Gesellsch. f. Chir.*, 1908.

Hecker, V. — Ueber die in malignen Neubildungen auftretenden heterotypischen Teilungsbilder. Einige Bemerkungen zur Aetiologie der Geschwülste, *Biol. Centralbl.*, t. XXIV, 1904, p. 787-797.

Halsted, W. S. — Auto and isotransplantation in dogs of the parathyroid glandules, *Journ. of exper. med.*, XI, 1, 1909, p. 175.

Hansemann. — Einige Bemerkungen ueber die angeblich heterotypen Zellteilungen in bœsartigen Geschwülsten, *Biol. Centralbl.*, t. XXV, n° 5, 1905.

- Zur Bezeichnung der bösartigen epithelialen Neubildungen, *Zeitschr. f. Krebsforsch.*, t. VII, 1908.

- Formative Reize und Reizbarkeit, *Zeitschr. für Krebsforsch.*, t. XVII, 1908.

HARRISON, Ross. G. — Embryonic transplantation and development of the nervous system, *The Anatomical Record*, vol. II, n° 9, 1908, p. 385-410.

HAUSER, G. — Nochmals über Ribbert's Theorie von der Histogenese des Krebses. *Arch. f. path. Anat.*, t. CXLI, 1895, cah. 3, p. 485-504.

HÉDON. — Greffe sous-cutanée du pancréas, son importance dans l'étude du diabète pancréatique. *Centralbl. f. allg. Path. u. An. Path.*, 1893, p. 182.

HEJIRO NAKAYAMA. — Ueber kongenitale Sacraltumoren, *Arch. f. Entw. Mechanik*, t. XIX, 1905, p. 475.

HELLER. — Ueber Organtransplantation, *Die Deutsche Klinik* am Eingang d. 20 Jahrhunderts, Berlin-Wien, 1909.

— Transplantation. *Ergebnisse der Chirurgie u. Orthopædie*, t. I, 1910.

HERLITZKA, A. — Recherches sur la transplantation. La transplantation des ovaires, *Arch. Ital. de Biol.* XXXIV, 1, p. 89.

HERTWIG, O. — Allgemeine Biologie, Jena, 1909.

HIPPEL, V. — Demonstration eines experimentell erzeugten Teratoms. *Verhandl. d. d. Path. Ges.*, 1907.

HOFMOKL et COHN. — Ueber Transplantation des Epithels. *Œsterreichische Zeitschr. f. praktische Heilkunde*, 1871.

HOTZ, G. — Ueber Transplantation. *Cor.-Bl. f. Schweiz. Aerzte*, Basel, 1909, XXXIX, p. 650-659.

JENKINSON, Y. W. — Experimental Embryology (W. Roux), *Arch. f. Entw. Mech.*, t. XXVIII, 1909, p. 446.

JENSEN. — Uebertragbare Rattensarkome. *Zeistch. f. Krebsforsch.*, t. VII, 1908.

— Ueber einige Probleme der experimentellen Krebsforschung. *Zeitsch. f. Krebsforsch.*, t. VII, 1909.

— Experimentelle Untersuchungen ueber Krebs bei Maeusen. *Centralbl. f. Bakter.*, 1903, t. XXXIV.

JENTZER. — Étude expérimentale sur les tératomes par greffe d'embryons conservés extra-corpus. *Revue méd. de la Suisse romande*, année 28, 1908, n° 5, p. 329-357.

JOFFE. — Contribution à l'étude de la résorption des organes embryonnaires et adultes sous la peau et dans le péritoine. Thèse, Paris, 1900.

Jores. — Sull' musto del tessuto muscolare, *Pathologica*, vol. I, 1909.

Kausch. — Ueber Knochenimplantation, *Verhandl. d. deutsch. Gesellsch. f. Chir.*, 1909.

Kelling, P. — Ueber die Aetiologie der bösartigen Geschwülste, *Münch. med. Wochensch.*, t. LI, 1904, p. 1047.

— Essais de production de tumeurs au moyen de cellules embryonnaires homologues et hétérologues, *Wien. klin Woch.*, t. XXVI, 2 et 10 janvier 1913, pp. 1 et 54.

Knauer, E. — Einige Versuche ueber Ovarientransplantation beim Kaninchen, *Centralbl. f. Gynaekologie*, t. XX, 1896.

— Ueber Ovarientransplantation, *Wiener med. Wochensch.*, n° 99, 1899, et *Arch. f. Gynaekologie*, t. LX, 1900.

Korff, R. — Zur Histologie und Histogenese des Bindegewebes, besonders der Knochen und Dentingrundsubstanz, *Ergebn. d. Anat. u. Entwick. Gesch.*, t. XVII, 1907, p. 299.

Korschelt, E. — Regeneration und Transplantation im Tierreich, *Versammlung deutscher Naturforscher u. Aerzte*, 1906.

— Regeneration und Transplantation, Jena, 1907

Kraus, Ranzi et Ehrlich. — Experimentell Uebertragung von Tumoren bei Ratten, *Berl. klin. Wochenschr.*, 1909, p. 2217.

— Biologische Studien bei malignen Tumoren der Menschen und Tiere, *Sitzungsberichte d. Kais. Akad. d. Wissench. in Wien*, t. CXIX, 1910.

Kurz, O. — Ueber die Regeneration ganzer Extremitaeten aus transplantierten Extremitaetenteilen vollentwickelter Tiere., *Centralbl. f. Physiol*, t. XXII, n° 12, p. 1.

Küttner, H. — Die freie Transplantation und ihre Bedeutung für die moderne Chirurgie, *Naturwissenchaften*, 1 Jahrgang, 1913, cah. 22, 23.

Lamezan Kurt. — Ueber Transplantation experimentell erzeugter atypischer Epithelwucherungen, *Zeitschr. f. Krebsforsch.*, t. XII, 1912, cah 2, p. 389-397.

Lebocq, G. — Contribution à l'étude de l'histogénèse de la rétine chez les Mammifères, *Arch. d'Anat. microscop.*, t. X, fasc. III et V, 1909, p. 555-605.

Lecène et Legros. — Tumeurs expérimentales, *Bull. de la Soc. anat.*, 1902.

Legendre, R. — Les recherches récentes sur la survie des cellules, des tissus et des organes isolés de l'organisme, *Biologica*, Paris, 1911, t. 1, p. 357-365.

Leopold. — Experimentelle Untersuchungen über das Schicksal implantierter Foeten, *Arch. f. Gynaekol.*, t. XVIII, 1881.

— Experimentelle Untersuchungen ueber die Aetiologie der Geschwülste. *Virchow's Archiv.* t. LXXXV, 1883.

— Untersuchungen zur Aetiologie des Carcinoms. *Jahresbericht der Gesellschaft f. Natur und Heilkunde.* Dresden, 1898-99, p. 67-70.

LEWIN, C. — Experimentelle Beitraege zur Morphologie und Biologie bösartiger Tumoren. *Berlin. klin. Wochenschr.*, 1907, n° 50.

— Immunity in Cancers of the white rate. *Centralbl. f. allg. Path. u. path. Anat.*, 1912, p. 648.

— The reactive power of the white rat to tissue implantation, *Proceed. Soc. f. exper. Biology a. Medicine*, t. V, f. 2, p. 41.

— Immunitaetsreaktionen nach der Vorimpfung mit artfremden Tumoren. *Zeitschr. f. Krebsforsch.*, 1912, t. II, cah. 1-3, p. 352.

— Die experimentelle Geschwülstforschung in ihren Beziehungen zur Immunitaetsforschung. *Jahresbericht üb. d. Ergebn. d. Immunitaetsforsch.*, t. VII, 1911, Stuttgart, 1912, p. 139-219.

LEXER, E. — Ueber freie Transplantationen, *Arch. f. klin. Chir. Berl.*, 1911, XCV, p. 827-851.

LOEB, J. — Untersuchungen zur physiologischen Morphologie der Tiere, Würzburg, 1891 et 1892.

LOEB, L. — Beitraege zur Analyse des Gewebewachstums. I. Ueber Transplantation regenerierenden Epithels und über Serientransplantation von Epithel. *Arch. f. Entwickl. Mechan.* t. XXIV, 1907.

— Ueber Transplantation von Tumoren. *Virch. Arch.*, t. CLXXII, 1903.

— Mixed tumors of the thyroid gland. *The Americ. Journ. of med. Sciences.* 1903.

LOEB, L. and ADDISON, W. H. F. — Tissue transplantation in to different species. *Proceedings of the pathological society of Philadelphia.* 1908.

— Beitraege zur Analyse des Gewebewachstums. II. Transplantation der Haut des Meerschweinchens in Tiere verschiedener Spezies. *Arch. f. Entw. Mechanik.* t. XXVII, 1909.

LOEWENSTEIN, S. — Experimentelle Studien zur Theorie der Aetiologie der Tumoren. *Beitr. z. klin. Chir.*, t. LXIX, 1910, cah. 3, p. 693-700.

LUBARSCH. — Ueber heterotope Epithelwucherung und Krebs. *Centralbl. f. allg. Path.*, n° 21, 1906.

LUBARSCH, O. — Zur Lehre von der Geschwülsten und Infectionskrankheiten. *Centr. f. allg. Path. u. path. Anat.*, 1900, p. 283.

— Ueber Gewebsembolien und Gewebsverlagerungen. *Centralbl. f. allg. Path. u. path. Anatomie.* 1898, p. 847.

— Die Metaplasiefrage und ihre Bedeutung für die Geschwülstlehre. *Arbeiten aus der pathol. Anat.*, Abtheilung der Kgl. Hygien. Institutes zu Posen. 1901, p. 205-232.

— Ueber destruirendes Wachstum und Bosartigkeit der Geschwülste. *Zeitsch. f. Krebsforsch.*, 1906.

MALASSEZ. — Sur l'existence d'amas épithéliaux autour de la racine des dents chez l'homme adulte et à l'état normal. *Arch. de Physiol. normale et pathologique.* 1885, n° 2, n° 4, n° 7.

MARTIN, G. — De la durée de la vitalité des tissus et des conditions d'adhérence des restitutions et transplantations cutanées, Thèse, 1873.

MASSON, P. — Le safran en technique histologique. *Compt. rend. de la Soc de Biol.*, LXX, p. 573, 1911.

— Note de technique histologique. *Bull. Soc. anatomique*, juin 1912.

MERKEL, H. — Beitrag zur Kenntniss der sogenannten embryonalen Drüsengeschwülste der Niere. *Centralbl. f. allg. Path. u. path. Anat.*, 1900, p. 834.

MEYNS, R. — Transplantationen embryonaler und jugendlicher Keimedrüsen auf erwachsene Individuen bei Anuren nebst einem Nachtrag über Transpl. geschlechtsreifer Froschhoden, *Arch. f. mikr. Anat.*, Bonn, 1912, 1, XXIX, 2, Abt. 148-171.

MICHAELIS. — Versuche zur Erziehung einer Krebsimmunität bei Mäusen, *Zeitschr. f. Krebsforschung*, t. V, 1907.

— Weitere experimentelle Untersuchungen über den Tierkrebs. *Verein fur innere Medizin*. Berlin, April 1907. *Deutsche med. Woch.*, p. 826, 1907.

MITROPHANOW, P. — Teratogenetische Studien. *Arch. f. Entw. Mech.*, t. I. 1895, p 347.

MORESCHI, C. — Fatti e problemi nuovi dell' indagine biologica sui tumori maligni, XIX, *Congr. della societa italiana di medicina interna*. Milano, 1909.

— Beziehungen zwischen Ernaehrung und Tumorwachstum. *Zeitsch. f. Immunitatsforsch. u. exper. Therapie*, 1 Teil, t. II, 1909.

MOSSÉ, A. — Recherches sur la greffe osseuse. *Arch. de Physiol.* (5), VI, 4, p. 753.

MÜLLER. — Ueber Immunität und Immunisierung, *Zeitschr. f. Naturw.*, V, p. 161.

Murphy and Rous. — Sarcoma implanted in the developing embryo, *Centralbl. f. allg. Path. u. path. Anat.*, 1912, p. 649.

Murphy, J.-B. — Transplantability of tissues to the embryo of foreign species. Its bearing on questions of tissue specificity and tumor immunity, *Journ. of exp. Medicine*, t. XVII, f. 4, pp. 482-493.

Nové-Josserand et Bérard. — Sur une variété de tumeur solide des maxillaires d'origine paradentaire (Epithelioma adamantin), *Centralbl. f. allg. Path. u. path. Anatomie*, 1894, p. 939.

Nusbaum, J. — Zur Teratologie der Knochenfische, zugleich ein Beitrag zu deren Regeneration. *Arch. f. Entw. Mech. d. Organismen*, 1907, p. 114, t. XXIV.

Ottolenghi, D. — Recherches expérimentales sur la transplantation de la glande salivaire sous-maxillaire. *Arch. Ital. de Biol.*, XXXIX, p. 18.

Parodi. — Sull'innesto delle capsule surrenali fetali, *Sperimentale*, 1904.

Perthes, G. — Die Bedeutung der Gewebsverpflanzung für die Chirurgie, *Württ. Mediz. Korrespondenzblatt*, 1911.

Peter, K. — Exper. Untersuchungen ueber individuelle variation in der tierischen Entwicklung (Mit Taf. III u. IV. u. 5 fig. im Text.) *Arch. f. Entw. Mech. der Organismen*, 1909, t. XXVII, IIe cah. p. 153.

— Ueber die biologische Bedeutung embryonaler und rudimentärer Organe. *Arch f. Entw. Mech. d. Organismen*, 1910, t. XXX, I Teil., 418.

Petersen. — Ueber die Grundlagen der Erfolge der Bakteriotherapie bösartiger Geschwülste. *Beitr. zur klin. Chir.*, t. XVII.

Petersen et Colmers. — Anatomische und klinische Untersuchungen ueber Magen und Darmkrebse. *Beitr. zur klin. Chir.*, t. XLIII.

Petrini. — Contribution à l'étude histologique des tumeurs kystiques à tissus multiples. *Arch. des sciences médicales*, année 1, 1896, n° 1, p. 87.

Petrow, N.-N. — Experimentelle Embryonalimpfungen. Ein Beitrag zur Lehre von den Geschwülsten. *Beitr. z. pathol. Anat. u. z. allg. Path.*, t. XLIII, 1908, p. 1-42.

— Experiments of grafting embryonal tissues and questions of origin of the tumors. *Russk. Vratch. S. Petersb.*, 1907, VI, p. 217-221.

Ein experimentellen erzeugtes Hodenembryom, *Centralbl. f. pathol.*, 1906, t. XVII, p. 353.

PHILIPP. — Ueber maligne Mischgeschwülste des kindlichen Hodens, *Zeitsch. f. Krebsforsch.*, t. VII, 1909.

PILLIET. — Tumeurs expérimentales. *Revue de Chirurgie*, 1888.

PLUMIER, L. — L'immunité contre les tumeurs malignes réalisée chez les animaux, *Med. et Hyg. Brux.*, 1907, V, p. 1-8.

PODWYSSOTZKI, W. — Neue Ansichten zur Begründung der Reiztheorie des Krebses und der bösartigen Geschwülste, *Zeitsch. f. Krebsforsch.*, t. VII, 1909.

— Etude expérimentale sur le parasitisme des tumeurs, *Presse médicale*, t. I, 1900, p. 77-79.

PODWYSSOTZKI, A. JUN. — Experimentelle Untersuchungen ueber die Regeneration der Drüsenepithelien unter physiologischen und pathologischen Bedingungen, *Fortschritte der Medicin*, II, 1887.

POLAILLON. — Sur la transmission du cancer de l'homme au rat, *Bull. Acad. de Méd.*, Paris, 1900, XLIV, p. 647.

RABAUD, E. — L'évolution tératologique, *Rivista di Scientia*, vol. III, Anno II, 1908, p. 12.

— Genèse des tumeurs et culture des tissus, *Biologica*, 1913, 15 août, n° 32.

REERINK, H. — Experimente ueber Transplantation am Magen. *Ziegler's Beitraege z. Path.*, XXVIII, cah. 3.

REVERDIN, A. — Transplantation de la peau de grenouille sur les plaies humaines, *Arch. de méd. expérimentale*, t. IV, 1892.

RIBBERT. — Ueber tumoraehnliche Epithelwucherungen in Speicheldrüse und Leber, *Verhandl d. deutsch. path. Ges.* Kassel, 1903.

— Geschwülstlehre, Leipzig, 1904.

— Zur Regeneration der Leber und Niere, *Arch. f. Entw. Mech.*, XVIII, 1904.

— Zur Neubildung von Talgdrüsen. *Arch. f. Entw. Mech.*, XVIII, 1904.

— Embryome des Hodens und des Ovariums, Geschwülstlehre, Bonn, 1904.

— Ueber Veraenderungen transplantierter Gewebe, *Arch. f. Entwick. Mech.*, t. VI, 1898, p. 131.

— Ueber Transplantation von Ovarium, Hoden und Mamma. *Arch. f. Entw. Mech.*, t. VII, 1898.

— Beitraege zur Regeneration und Transplantation. *Deutsch. med. Wochenschr.*, 1904.

— Transplantation der Cornea, *Centralbl. f. path. Anat.*, t. XV, 1904.

— Neue Versuche ueber Transplantationen, *Verhandl. d. deutsch. path. Gesellschaft*, 1904, t. VIII.

— Ueber Transplantation auf Individuen anderer Gattung, *Verhandl. d. deutsch. path. Gesellschaft*, 1905.

— Zur Entstehung der Geschwülste, *Deutsch. mediz. Wochenschr.*, Jahrgang 24, 1896, n° 30, p. 471-474.

— Lehrbuch der allgemeinen Pathologie und der allgemeinen pathologischen Anatomie, Leipzig, 1901, p. 166.

RICHTER, P. — Die Veraenderungen in die Bauchhoehle implantierter Organe in ihren Beziehungen zur fettigen Degeneration, *Centralbl. f. allg. Path. u. path Anat.*, 1905, p. 113.

ROGER, W. — The natural history of cancer. London, Heimmann, 1908.

ROHDE. — Histogenetische Untersuchungen : Synzytien, Plasmodien, Zellbildung und histologische Differenzierung, Breslau, 1908, p. 1.

ROSENTHAL, E. — Ueber den biologischen Parallelismus der fœtalen und Krebszellen nebst Beziehungen, ihrer Eiweisse, *Ztschr. f. Immunitœtsforch. u. Therap.*, Jena, 1912, t. XIV.

— Untersuchungen ueber das biologische Verhalten der fœtalen Zellen. *Gynœkologische Rundschau*, t. VI, 1912, cah. 7.

ROESSLE, R. — Ueber die chemische Individualitaet der Embryonalzellen. *Centralbl. f. allg. Path. u. path. Anat*, 1905, p. 734.

ROUS PEYTON. — Transmission of a malignant new growth by mans of a cell free filtrate, *Journ. of the Amer. Med. Assoc.*, t. LVI, n° 3, 21 janvier 1911, p. 198.

— The effect of pregnancy on implanted embryonic tissue, *Journ. of exper. med.*, t. 13, n° 2, févr. 1911.

— On the reaction of tumor mice to injections of tumor emulsions, *Zeitschr. f. Immunitœtsforsch.*, 1909, 16 dec., t. IV, p. 238-242.

— The behavior of transplanted mixtures of tumor and embryo, *Proc. of the Soc. for. exper. biol. a med.*, t. VII, 1910, p. 73-74.

— An experimental comparaison of transplanted tumor and a transplanted normal tissue capable of growth. *Journ. of exper. med.*, vol. 12, n° 3, mai 1, 1910.

— False transitions between normal and cancerous epithelium, *Journ. of exper. Medicine*, t. XVII, f 4, 1913 p. 494-496.

— The relations of embryonic tissue and tumor in mixed grafts. *Journ. of exp. Med.*, t. XIII, n° 2, février 1911, p. 239-249.

ROUS, P. AND MURPHY JAMES B. — Tumor implantation in the developing embryo. *Journ. American med. Assoc.*, vol. LVI, 1911, n° 10, p. 741-742.

—   Variations in a chicken sarcoma caused by a filterable agent. *Journ. of exp. Medicine*, t. XVII, f. 2, p. 219-231.

Rechinski, B. P. — Experimental atypical hypertrophy of epithelial tissue. *Russk. Vrach. S.-Petersb.*, 1910, t. IX, p. 794-797.

Rulf. — Die physiologischen Voraussetzungen der aetiologischen Krebsforschung. *Zeitsch. f. Krebsforsch.*, t. VII, 1908.

Russel, B. — The nature of resistance to the inoculation of cancer. *Third scientific report of the imperial cancer researche fund*, London, 1908.

Sakaye Ohkubo. — Zur Kenntniss der Embryome des Hodens. *Arch. f. Entw. Mech. d. Organismen*, t. XXVI, 1908, p. 509.

Saltykow. — Ueber Transplantation zusammengesetzter Teile. *Arch. f. Entw. Mech.*, t. IX, 1900.

Saul, E. — Beitraege zur Biologie der Tumoren. *Deutsch. med. Wochenschr.*, Jg. 30, 1904, n° 14, p. 494-496.

Schaper, A. — Beitraege zur Analyse des thierischen Wachstums. Eine kritische und exper. Studie, 1 Theil. Quellen, Modus und Lokalisation d. Wachstums. *Arch. f. Entw. Mech. d. Organismen*, 1902, t. XIV, p. 307.

Schaper, A. und Cohen C. — Beitraege zur Analyse des tierischen Wachstums II Teil : Ueber zellproliferatorische Wachstumszentren und deren Beziehungen zur Regeneration und Geschwülstbildung. *Arch. f. Entw. Mech. d. Organism.*, 1905, t. XIX, p. 348

Schaper, A. — Nachtrag zu der Arbeit von A. Schaper u. c Cohen ueber zellproliferatorische Wachstumszentren und deren Beziehungen zur Regeneration und Geschwülstbildung. *Arch. f. Entw. Mech. d. Organismen*, 1905, t. XIX, p. 680.

Schirokogoroff, J. J. — Künstlich hervorgerufene Neoplasmen nach Kieselguhr-Injektionen. *Virch. Arch. f. path. Anat.*, Berl., 1911, CCV, p. 166-169.

Schlater, G. — Einige Gedanken über das Wesen und die Genese der Geschwülste. *Vortraege und Aufsaetze über Entwickl. Mech. d. Organismen*, 1909.

Schmidt, O. — Experimentelle Erzeugung maligner Tumoren bei Tieren durch Infektion. *Centralbl. f. Bakt.*, Abt. 1, t. XLVII, 1908, cah. 3, p. 342-349.

Schoene, G. — Die Beziehungen der Immunitatsforschung zur Lehre von den Geschwülsten. *Jahresbericht über die gesamte Immunitaetsforchung*, 1906.

—   Untersuchungen über Geschwülstimmunitaet bei Maeusen. *Verhandlg. d. deutsch. Gesellsch. f. Chir.*, 1907.

Ueber einige neuere Fragestellungen in der Geschwülstlehre, *Mediz. Klinik.*, 1908, n° 15.

— Experimentelle Untersuchungen ueber die Transplantation körperfremder Gewebe, *Verhandl. d. deutsch. Geselsch. f. Chir.*, 1908, XXXVII, p. 174-178.

— Vergleichende Untersuchungen über die Transplantation von Geschwülsten und von normalen Geweben. *Beitræge zur klinisch. Chirurgie*, t. LXI, 1908, p. 1.

— Versuche über artfremde und artgleiche Transplantationen, *Verhandl. d. deutsch. Gesellsch. f. Chir.*, 1911.

— Ueber Transplantationsimmunitaet. *Münch. med Woch.*, 1912, n° 9, p. 457.

— Die heteroplastische und homeoplastische Transplantation. Berlin, Verlag von Julius Springer, 1912.

— Hauttransplantation nach Thiersch. *Deutsch. med. Wochenschr.*, Leipz. u. Berl., 1912, XXXVIII, p. 17-65.

— Die freie Gewebsverpflanzung als Methode naturwissenschaftlicher und medizinischer Forschung. *Die Naturwissenschaften*, cah. 21, 23 mai 1913.

Schultz, W. — Bastardierung und Transplantation II, Parallele von Verpflanzung und Kreuzung. Erfolgreiche Hautverpflanzung auf andere Gattung bei Finken, auf andere Familie bei Tauben. *Arch. f. Entw. Mech. d. Organismen*, 1913, cah. 3, t. XXXVI, p. 353.

Schwalbe, E — Ueber die Selbstdifferenzierung und abhaengige Differenzierung der Gewebe in experimentellen Teratoiden, *Arch. f. Entw. Mech. d. Organis.*, t. XXX, 1910, 1re partie, p. 224.

— Ueber parasitaere Doppelbildungen und deren Bedeutung für die Geschwülstlehre und Entwicklungsmechanik, *Verh. deutsch. Path. Ges.*, 1906, p. 47-53.

— Die Entstehung der Geschwülste im Lichte der Teratologie, *Verhandl. d. Naturhist-med. Ver.*, zu Heidelberg, N. F., VIII, cah. 3, 1906, p. 337-354.

— Teratoidversuche, *Centralbl. f. allg. Path. u. path. Anat.*, 1911, t. XXII, n° 1, p. 35.

— Die Morphologie der Missbildungen des Menschen und der Tiere, Teil I : Allgemeine Missbildungslehre (Teratologie), Eine Einführung in das Studium der abnormen Entwicklung. Jena, Fischer, 1905.

— Dermoidkugeln und ihre Entstehung. *Centralbl. f. allg. Path. u. path. Anat.*, 1912, p. 193.

Schweninger. — Einige Bemerkungen über Wachsthum, Regeneration und Neubildung auf Grund histologischer und experimenteller Erfahrungen, *Centralbl. f. med. Wissenchaften*, 1881, n° 10.

SJŒBRING. — Ueber Aetiologie der Geschwülste, *Centralbl. f. allg. Path. u. path. Anat.*, 1900, p. 711.

SOLARO. — Contributo sperimentale allo studio elegi innesti di tessuti fetali, *Sperimentale*, Anno 61, 1907.

SPEMANN, H. — Ueber embryonale Transplantation, *Vortrag Naturforscher und Aerzteversammlung*, 1906.

— Ueber eine neue Methode der embryonalen Transplantation, *Verhandl. d. d. Zool. Ges.*, Marburg, 1906.

— Neue Tatsachen zum Linsenproblem, *Zoologischer Anzeiger*, t. XXXI. 1907.

STICKER, A. — Ueber den Krebs der Tiere, insbesonds über die Empfænglichkeit der verschiedenen Haustierarten und über die Unterschiede des Tier und Menschenkrebses. *Arch. d. klin. Chir.*, t. LXV. 1902.

— Die Immunitæt und die spontane Heilung der Krebskrankheit nach den Ergebnissen der modernen exper. Forschung. *Zeitsch. f. Krebsforsch.*, t. VII.

STILLING, H. — Die Entwicklung transplantierter Gewebsteile, *Verhandl. d. pathol. Gesellsch.*, 1903.

— Ueber das Ergebnis der Transplantation von Nebennierengewebe, *Ziegler's Beitr.*, t. XXXVII. 1905.

— Versuche über Transplantation. IV Mitteilung. Das Ergebnis der Transpl. von Uterusgewebe in die Milz. *Ziegler's Beitr.*, t. XLVII, 1910.

THIERSCH. — Ueber Hautverpflanzung, *Verhandl. d. deutsch. Gesellsch. f. Chir.*, t. XV. 1886.

TIETZE, A. — Experimentelle Untersuchungen über Netzplastik. *Beitræge zur klin. Chir.*, t. XXV, 1899, p. 411.

TIZENHAUZEN, M. — Zur Frage über die Implantation von Embryonalgewebe, *Virch. Arch.*, 1909, t. CXCV, p. 154.

TRAINA. — Sugli innesti di tessuti embrionali nell' ovario. *Arch. per le sc. Med.*, t. XXVI, 1902.

TRASBOT. — Sur les conditions du développement des tumeurs et les tentatives de leur inoculation ou leur greffe chez les animaux. *Atti d. XI congresso medico internationale di Roma*, 1894. t. II, *Patolog. gener. ed. anatom. patol.*, p. 73-84.

TROIMA. — Ueber Transplantation von Embryonalgewebe ins Ovarium und die Bildung von Ovarialcysten. *Centralbl. f. path. Anat.*, t. XIII, 1902.

Tur, J. — Sur les malformations embryonnaires obtenues par l'action du radium sur les œufs de la poule. *Compt. rend. de la Soc. de Biol.*, t. LVII, p. 236-238.

Uhlenhuth, E. — Die Transplantation des Amphibienauges, *Arch. f. Entw. Mech. d. Organismen*, Leipzig, 1911-12, XXXIII, p. 723-747.

Uhlenhuth, Haendel et R. Steffenhagen. — Experimentelle Untersuchungen ueber Rattensarkom. *Arb. a. d. kais. Gesundh.*, t. XXXVI, 1911, p. 465.

— Beobachtungen über Immunität bei Rattensarkom. *Zeitsch. f. Immunitätsforschung u. exper. Therapie*, 1910, t. VI.

Ullmann. — Experimentelle Nierentransplantation. *Wiener. klin. Wochenschrift*, 1902.

Unger, E. — Nierentransplantation. *Versammlung deutscher Naturforscher und Aerzte*, 1908.

— Nierentransplantation. II Mitteilung, *Berl. klin. Wochensch.*, 1910, n° 13.

Vanzetti. — Del trapianto della tiroide embrionale, *Arch. per le sc. Med.*, 1903.

Velich. — Beitrag zur Frage nach der Uebertragbarkeit des Sarkoms, *Wien. med. Blätter*, 1908.

Veraguth, O. — Ueber nieder differenzierte Missbildungen des Centralnervensystems Ein Beitrag zur teratologischen Hirnforschungsmethode *Arch. f. Entw. Mech. d. Organis.*, 1901, t. XII, p. 53.

Wacker, L. et Schmincke A. — Experimentelle Untersuchungen zur kausalen Genese atypischer Epithelwucherungen, *Münch. med. Wochenschr.*, 1911, LVIII, 1907, 1 planche.

Walz. — Die modernen Anschauungen ueber die Ätiologie der Geschwülste, *Aerztl. Rundschau*, Münch., 1901, XI, p. 3-5.

Weigert. — Ueber neue Fragestellungen in der pathologischen Anatomie, *Deutsch. mediz. Wochensch.*, n° 40, 1896.

Winiwarter. — Wie lange und unter welchen Umstanden bleibt die Lebensfähigkeit der menschlichen Epidermiszellen ausserhalb des Organismus erhalten, *Centralbl. f. Chir.*, 1898.

Wetzel, G. — Transplantationsversuche mit Hydra, *Arch. f. mikroskop. Anat.*, XLV, p. 273-274.

White, E. P. Corson et Leo Loeb. — Ueber den Einfluss physikalisch schædigender Agentien Waerme auf das Wachstum der Tumorzellen, *Centralbl. f. Bakteriol.*, 1910, t. LVI.

Wilms, M. — Embryome und embryoïde Tumoren d. Hoden, *Centralbl. f. allg. Path. u. path. Anatomie*, 1899, p. 583.

— Wachstum embryonaler Implantation und Geschwülstbildung. *Verh. d. d. path. Ges.*, VIII, 1904.

WINCKEL, F. — Ætiologische Untersuchungen über einige sehr seltene fœtale Missbildungen. *Sitzungsberichte der Gesellschaft f. Morphologie u. Physiologie in München.* 1896 et 1897, t. XII, p. 1-36.

WLAEFF. — Traitement des tumeurs malignes par le sérum anticellulaire. *Bull. et Mém. Soc. de Chir.* de Paris. 1901. XXVII, p. 132-151.

WLAEFF et HOFMAN DE VILLIERS. — Sur un mémoire et une présentation de malades concernant le traitement du cancer par l'injection d'un sérum anticellulaire. *Bull. Acad. de Méd.*, Paris, 1900, XLIV, p. 601-607.

WOLFF. — Entwicklungsphysiologische Studien, III zur Analyse der Entwicklungspotenzen des Irisepithels bei Triton. *Arch. f. mikr. Anat.*, t. LXIII, 1904.

— Ueber die Erhaltung der Kerntheilungsfiguren nach dem Tode und nach der Extirpation, und ihre Bedeutung für Transplantationsversuche. *Arch. f. klin. Chir.*, t. LIX, 1899, p. 297.

WULLSTEIN. — Transplantation körperfremder Organe, *Verhandl. d. deutsch. Gesellsch. f. Chirur.*, 1908.

ZAHN. — Sur le sort des tissus transplantés dans l'organisme. *Congrès international*, Genève. 1878.

ZIEGLER, E. — Ueber die Regeneration verletzter Gewebe. *Deutsch. med. Wochenschr.*, 1900.

EXPLICATION DES PLANCHES

Planche I

Figure 1. — Greffe des maxillaires revêtus de la peau, âgée de 40 jours. Formation des poils. C, cartilage adulte; P, poils. Grossissement : 80. P¹, poils à un plus fort grossissement : 225.

Figure 2. — Maxillaires embryonnaires au moment de la greffe : témoin de la figure 1. P, ébauche des poils; *d*, dents en formation; C, cartilage embryonnaire. Grossissement : 50.

Planche II

Figure 1. — Bourgeon dentaire embryonnaire au moment de la greffe : témoin de la figure 2. Grossissement : 250.

Figure 2. — Greffe des maxillaires âgée de 27 jours. Développement des dents; *p*, pulpe dentaire; *i*, ivoire; *e*, émail. Grossissement : 62.

Planche III

Figure 1. — Greffe de la langue, âgée de 30 jours. M, muscles striés de la langue; ML, muqueuse linguale. Grossissement : 35.
M¹, muscles striés à un plus fort grossissement : 450.

Figure 2. — Greffe du fémur, âgée de 60 jours. Ossification du cartilage. C, cartilage sérié; O, travées osseuses. Grossissement : 162.

Planche IV

Figure 1. — Greffe d'un embryon entier de rat (de 6 à 7 jours), âgée de 42 jours. Développement du tissu nerveux. N, cellules nerveuses. Grossissement : 230.

Figure 2. — Rat porteur d'une greffe d'intestin, âgée de 3 mois. Grandeur naturelle.

Figure 3. — Rat porteur d'une greffe d'intestin, âgée de 138 jours. Grandeur naturelle.

Planche V

Figure 1. — Greffe d'intestin, âgée de 21 jours. Aspect général. M, muqueuse intestinale ; Gl, glandes de Lieberkühn ; *mm'*, *muscularis mucosae*. Grossissement : 50.

Figure 2. — Anses intestinales embryonnaires au moment de la greffe : témoin de la figure 1. Grossissement : 50.

Planche VI

Figure 1. — Greffe des maxillaires, âgée de 66 jours après l'injection du filtrat n° 1 (filtrat sur papier). Les traînées des cellules épithéliales d'aspect atypique. PK, paroi kystique revêtue de tissu épithélial pavimenteux ; D, digitations formées par des cellules épithéliales atypiques. Grossissement : 120.

Figure 2. — Greffe des maxillaires âgée de 43 jours après l'injection du filtrat n° 3 (sur la bougie). Les digitations de tissu épithélial pavimenteux formées par des cellules épithéliales atypiques. K, figures karyokinétiques. Grossissement : 240.

Planche VII

Fig. 1. — Greffe d'intestin âgée de 70 jours après l'injection du filtrat de la tumeur n° 1. La discontinuité d'épithélium de la muqueuse intestinale et son orientation atypique. Ep, épithélium de la muqueuse intestinale. Grossissement : 80.

Figure 2. — Greffe d'intestin âgée de 78 jours après l'injection du filtrat n° 3 (sur la bougie). Prolifération d'épithélium glandulaire, caractère atypique des éléments épithéliaux. Ep, épithélium bourgeonnant ; K, figures karyokinétiques. Grossissement : 235.

Planche VIII

Figure 1. — Greffe d'intestin, âgée de 21 jours. Sécrétion du mucus. Gl, glandes de Lieberkühn ; M, muqueuse intestinale ; Mm, *muscularis mucosae*, *m*, mucus. Grossissement : 70.

Figure 2. — Greffe de la parotide embryonnaire, âgée de 37 jours. Aspect général de la glande C, canaux revêtus par l'épithélium mince : M, multiplication des éléments épithéliaux. Grossissement : 90. E, éléments épithéliaux se divisant par clivage et par karyokinèse. Grossissement : 420.

Figure 3. — Greffe des yeux embryonnaires, âgée de 41 jours. Co, développement de l'épithélium stratifié pavimenteux de la conjonctive oculaire ; CM, cellules muqueuses réparties en groupes dans l'épithélium de la conjonctive ; Gl, glande lacrymale. Grossissement : 80.

TABLE DES MATIÈRES

CHAPITRE PREMIER

TRANSPLANTATION DES TISSUS EMBRYONNAIRES

CHAPITRE II

RÉINOCULATIONS DES GREFFES EMBRYONNAIRES

CHAPITRE III

VACCINATION DE RATS PAR LE TISSU EMBRYONNAIRE
IMMUNITÉ QUI EN RÉSULTE

CHAPITRE IV

GREFFES MIXTES CONSTITUÉES PAR LE MÉLANGE DE LA TUMEUR DU RAT AVEC LES TISSUS EMBRYONNAIRES DE LA MÊME ESPÈCE

SECONDE THÈSE

PROPOSITIONS DONNÉES PAR LA FACULTÉ

Botanique. — LES NODOSITÉS DES LÉGUMINEUSES.
Minéralogie. — MINERAIS DE MANGANÈSE.

VU ET APPROUVÉ :
Paris, le 26 novembre 1913
Le Doyen de la Faculté des Sciences,
PAUL APPELL.

VU ET PERMIS D'IMPRIMER :
Le Vice-Recteur de l'Académie de Paris,
L. LIARD.

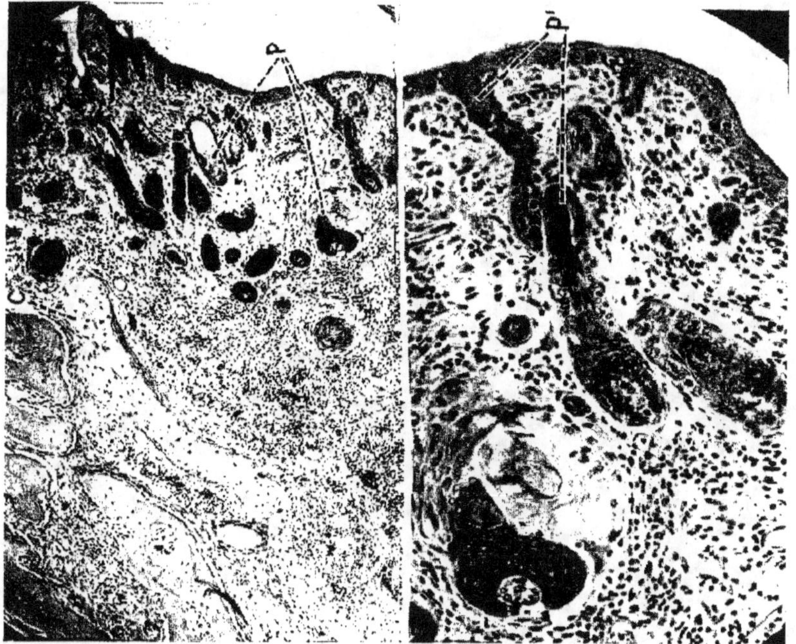

Fig. 1.

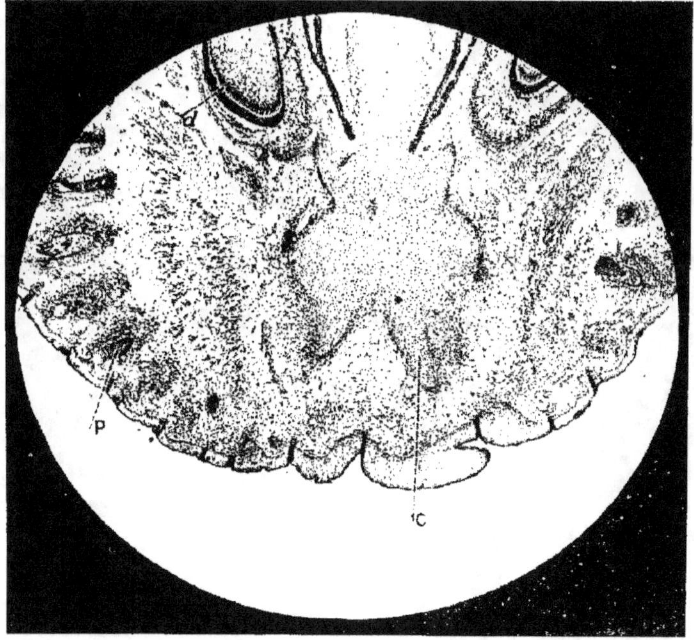

Fig. 2.

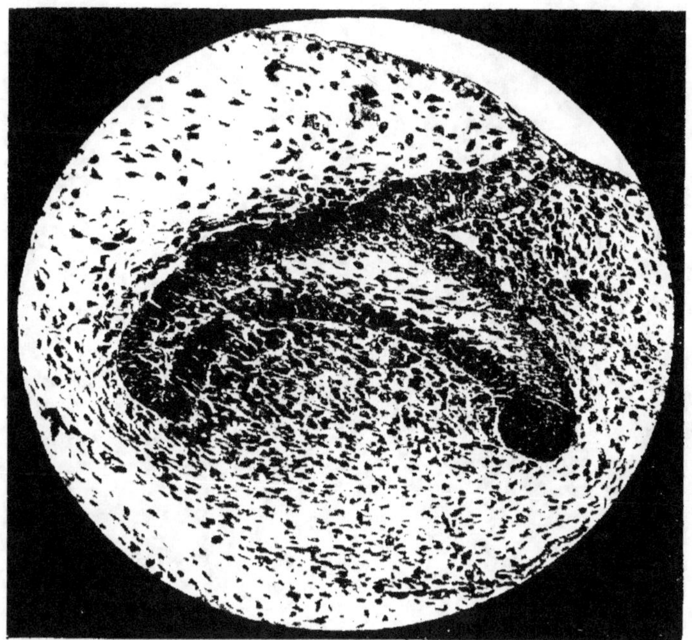

Fig. 1.

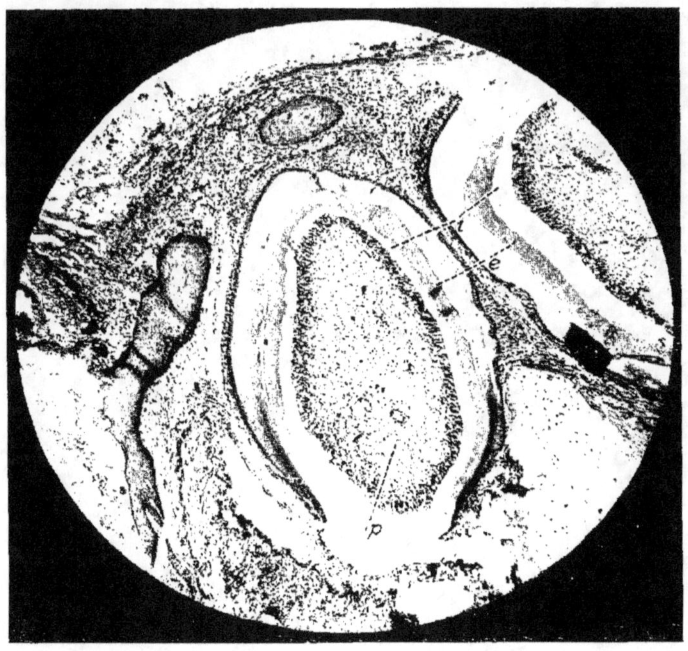

Fig. 2.

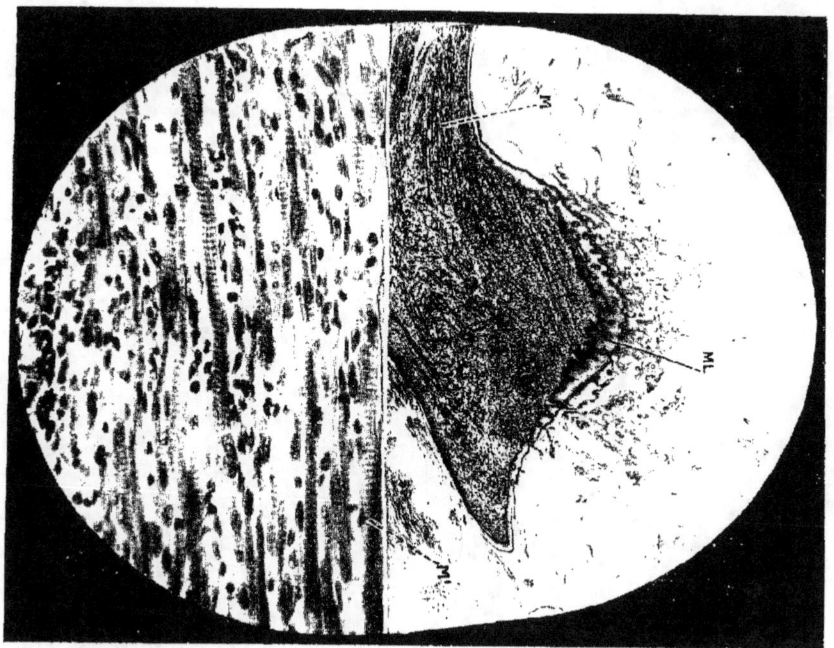

Fig. 1.

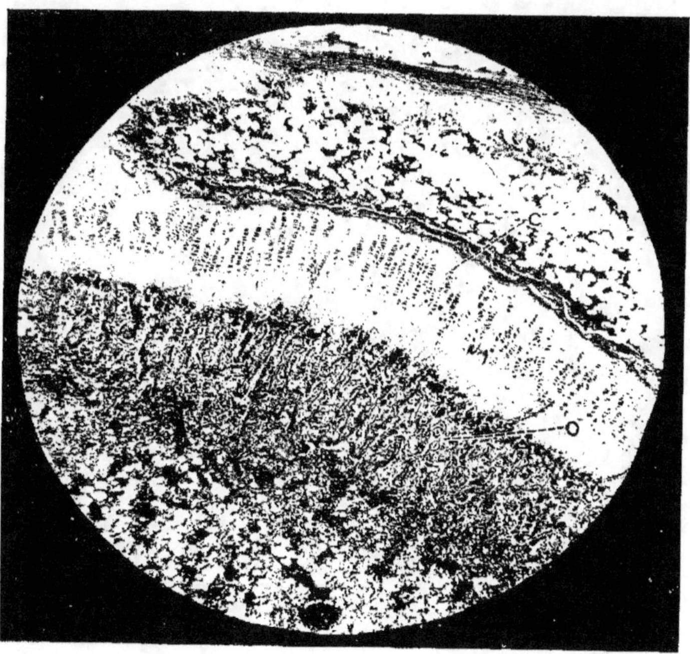

Fig. 2.

Jacquet phot.

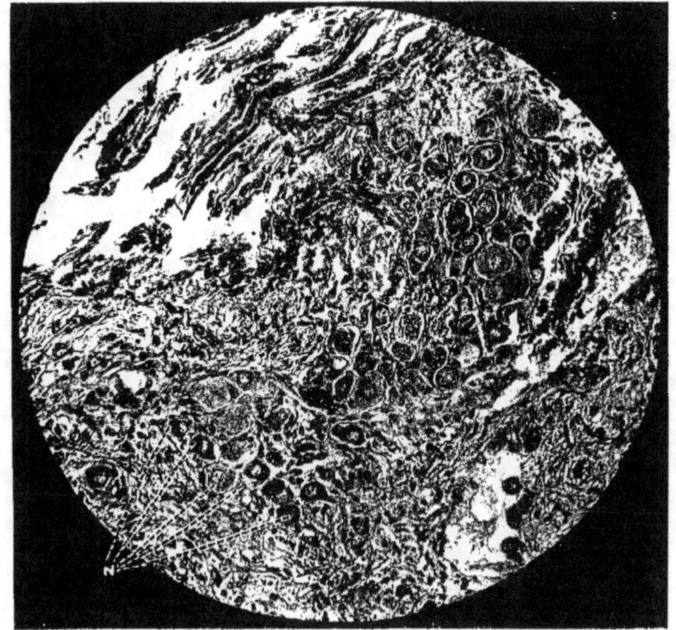

Fig. 1.

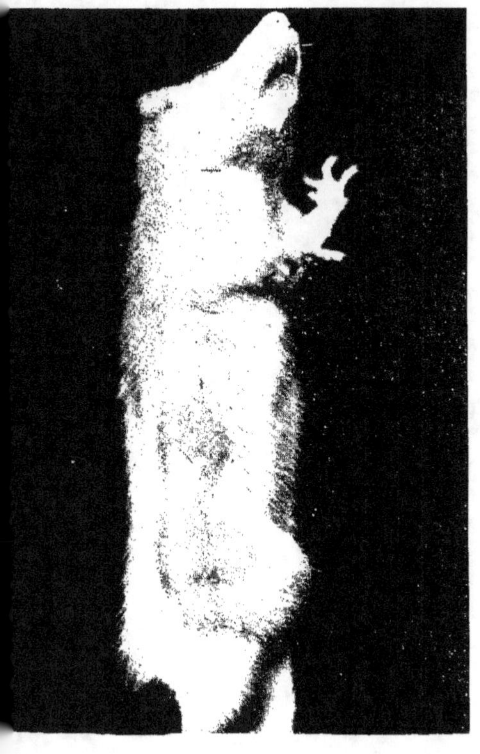

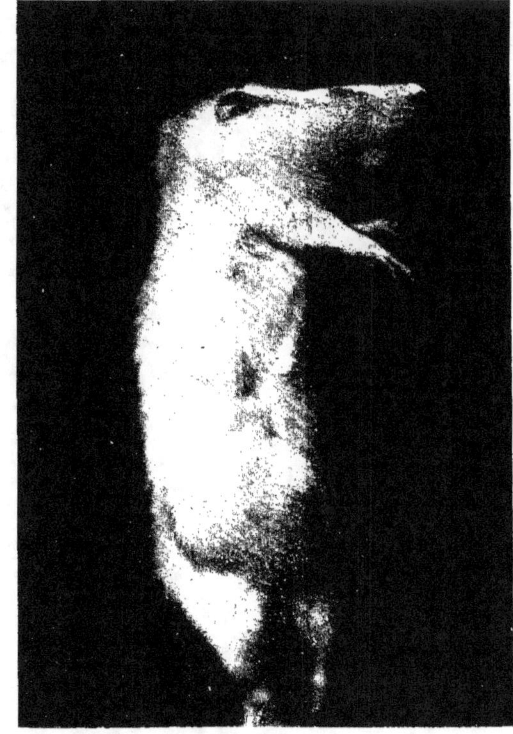

et phot.   Fig. 2.   Fig. 3.

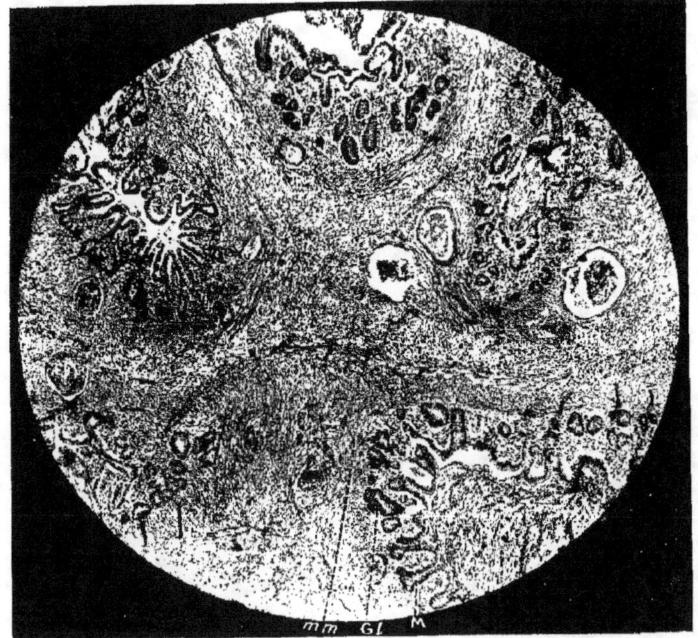

Fig. 1.

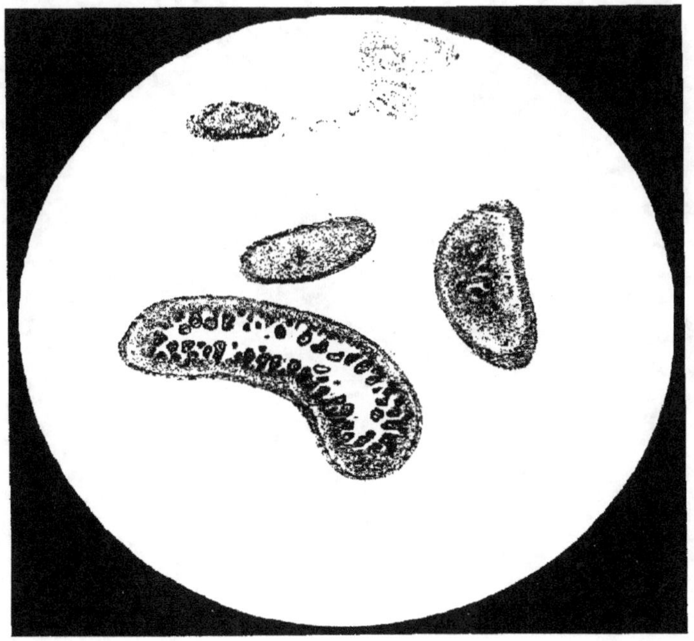

Fig. 2.

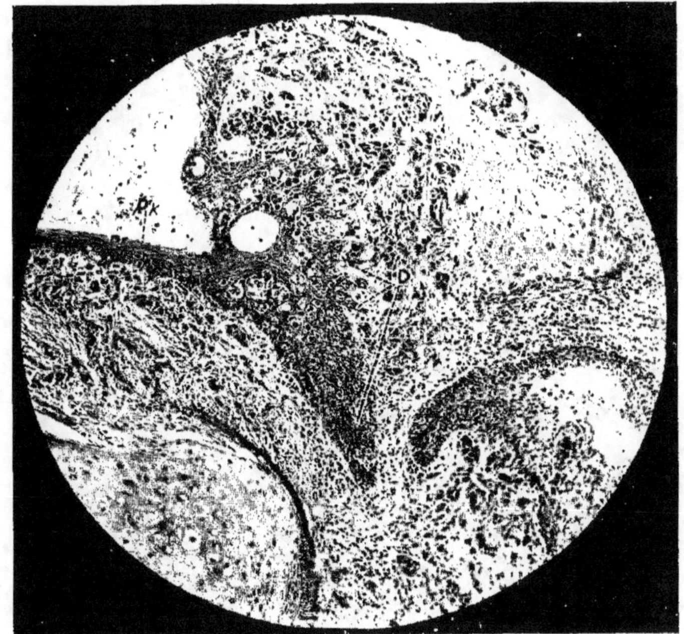

Fig. 1.

Fig. 2.

Jeantet phot.

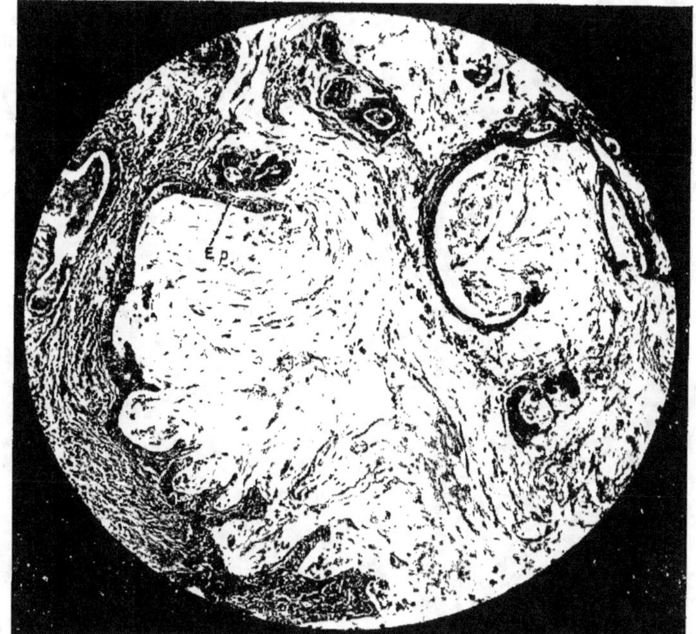

Fig. 1.

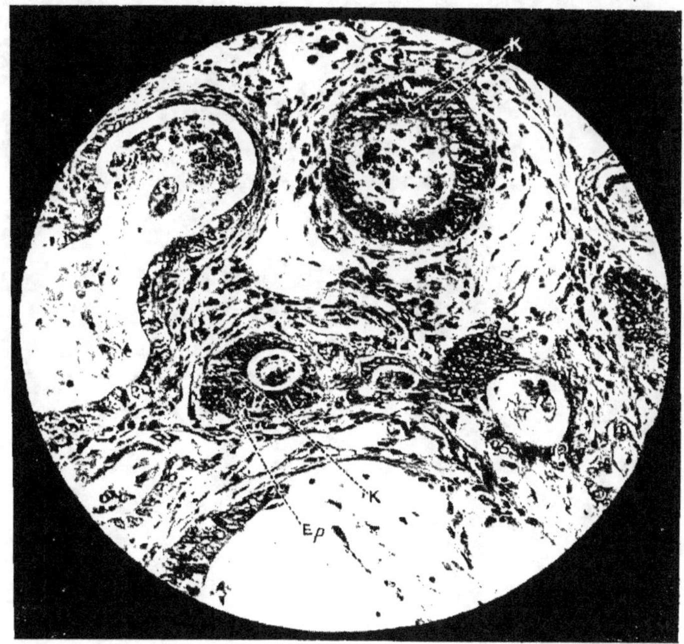

Fig. 2.

Jeantet phot

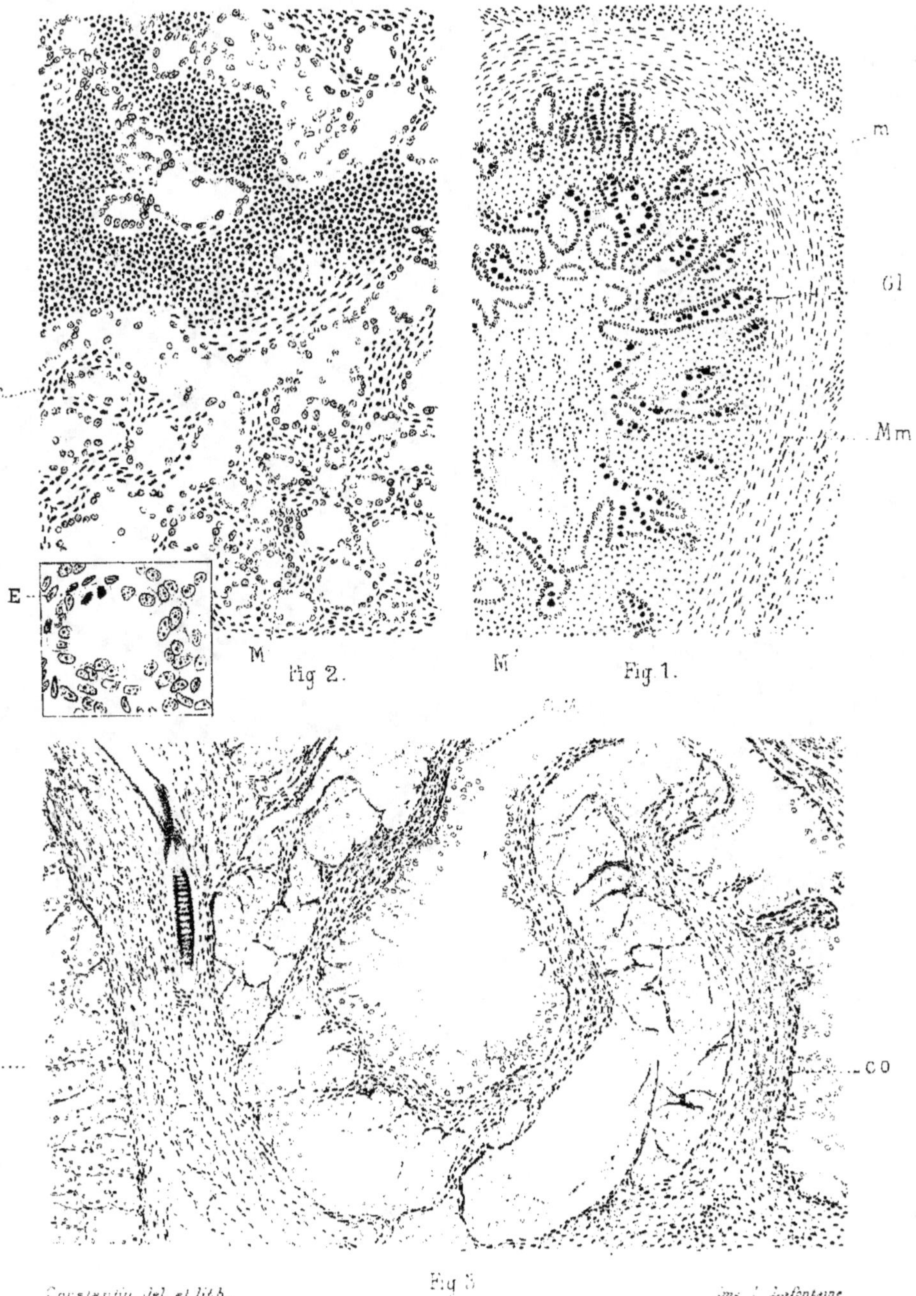
m
Gl
Mm
c
E
M
Fig 2.
M'
Fig 1.
l
co
Fig 3

www.ingramcontent.com/pod-product-compliance
Lightning Source LLC
LaVergne TN
LVHW012330170726
843503LV00002B/796